기적의 계산법

초등 5학년

9권

기적의 계산법 · 9권

초판 발행 2021년 12월 20일
초판 8쇄 2024년 7월 31일

지은이 기적학습연구소
발행인 이종원
발행처 길벗스쿨
출판사 등록일 2006년 7월 1일
주소 서울시 마포구 월드컵로 10길 56(서교동)
대표 전화 02)332-0931 | **팩스** 02)333-5409
홈페이지 school.gilbut.co.kr | **이메일** gilbut@gilbut.co.kr

기획 이선정(dinga@gilbut.co.kr) | **편집진행** 홍현경, 이선정
제작 이준호, 손일순, 이진혁 | **영업마케팅** 문세연, 박선경, 박다슬 | **웹마케팅** 박달님, 이재윤, 이지수, 나혜연
영업관리 김명자, 정경화 | **독자지원** 윤정아
디자인 정보라 | **표지 일러스트** 김다예 | **본문 일러스트** 김지하
전산편집 글사랑 | **CTP 출력·인쇄·제본** 예림인쇄

ISBN 979-11-6406-406-9 64410
(길벗 도서번호 10817)

정가 9,000원

독자의 1초를 아껴주는 정성 길벗출판사

길벗스쿨 | 국어학습서, 수학학습서, 유아학습서, 어학학습서, 어린이교양서, 교과서 school.gilbut.co.kr
길벗 | IT실용서, IT/일반 수험서, IT전문서, 경제실용서, 취미실용서, 건강실용서, 자녀교육서 www.gilbut.co.kr
더퀘스트 | 인문교양서, 비즈니스서
길벗이지톡 | 어학단행본, 어학수험서

아이가 주인공인 책

아이는 스스로 생각하고 성장합니다.
아이를 존중하고 가능성을 믿을 때
새로운 문제들을 스스로 해결해 나갈 수 있습니다.

<기적의 학습서>는 아이가 주인공인 책입니다.
탄탄한 실력을 만드는 체계적인 학습법으로
아이의 공부 자신감을 높여줍니다.

가능성과 꿈을 응원해 주세요.
아이가 주인공인 분위기를 만들어 주고,
작은 노력과 땀방울에 큰 박수를 보내 주세요.
<기적의 학습서>가 자녀교육에 힘이 되겠습니다.

연산, 왜 해야 하나요?

"계산은 계산기가 하면 되지,
 다 아는데 이 지겨운 걸 계속 풀어야 해?"
아이들은 자주 이렇게 말해요. 연산 훈련, 꼭 시켜야 할까요?

1. 초등수학의 80%, 연산

초등수학의 5개 영역 중에서 가장 많은 부분을 차지하는 것이 바로 수와 연산입니다. 절반 정도를 차지하고 있어요.

그런데 곰곰이 생각해 보면 도형, 측정 영역에서 길이의 덧셈과 뺄셈, 시간의 합과 차, 도형의 둘레와 넓이처럼

다른 영역의 문제를 풀 때도 마지막에는 연산 과정이 있죠.

이때 연산이 충분히 훈련되지 않으면 문제를 끝까지 해결하기 어려워집니다.

초등학교 수학의 핵심은 연산입니다. 연산을 잘하면 수학이 재미있어지고 점점 자신감이 붙어서 수학을 잘할 수 있어요.

연산 훈련으로 아이의 '수학자신감'을 키워주세요.

2. 아깝게 틀리는 이유, 계산 실수 때문에!
시험 시간이 부족한 이유, 계산이 느려서!

1, 2학년의 연산은 눈으로도 풀 수 있는 문제가 많아요. 하지만 고학년이 될수록 연산은 점점 복잡해지고,

한 문제를 풀기 위해 거쳐야 하는 연산 횟수도 훨씬 많아집니다. 중간에 한 번만 실수해도 문제를 틀리게 되죠.

아이가 작은 연산 실수로 문제를 틀리는 것만큼 안타까울 때가 또 있을까요?

어려운 글도 잘 이해했고, 식도 잘 세웠는데 아주 작은 실수로 문제를 틀리면 엄마도 속상하고, 아이는 더 속상하죠.

게다가 고학년일수록 수학이 더 어려워지기 때문에 계산하는 데 시간이 오래 걸리면 정작 문제를 풀 시간이 부족하고,

급한 마음에 실수도 종종 생깁니다.

가볍게 생각하고 그대로 방치하면 중·고등학생이 되었을 때 이 부분이 수학 공부에 치명적인 약점이 될 수 있어요.

공부할 내용은 늘고 시험 시간은 줄어드는데, 절차가 많고 복잡한 문제를 해결할 시간까지 모자랄 수 있으니까요.

연산은 쉽더라도 정확하게 푸는 반복 훈련이 꼭 필요해요. 처음 배울 때부터 차근차근 실력을 다져야 합니다.

처음에는 느릴 수 있어요. 이제 막 배운 내용이거나 어려운 연산은 손에 익히는 데까지 시간이 필요하지만,

정확하게 푸는 연습을 꾸준히 하면 문제를 푸는 속도는 자연스럽게 빨라집니다.

꾸준한 반복 학습으로 연산의 '정확성'과 '속도' 두 마리 토끼를 모두 잡으세요.

연산, 이렇게 공부하세요.

연산을 왜 해야 하는지는 알겠는데, 어떻게 시작해야 할지 고민되시나요?
연산 훈련을 위한 다섯 가지 방법을 알려 드릴게요.

1 매일 같은 시간, 같은 양을 학습하세요.

공부 습관을 만들 때는 학습 부담을 줄이고 최소한의 시간으로 작게 목표를 잡아서 지금 할 수 있는 것부터 시작하는 것이 좋습니다. 이때 제격인 것이 바로 연산 훈련입니다. '얼마나 많은 양을 공부하는가'보다 '얼마나 꾸준히 했느냐'가 연산 능력을 키우는 가장 중요한 열쇠거든요.

매일 같은 시간, 하루에 10분씩 가벼운 마음으로 연산 문제를 풀어 보세요. 등교 전이나 하교 후, 저녁 먹은 후에 해도 좋아요. 학교 쉬는 시간에 풀 수 있게 책가방 안에 한 장 쏙 넣어줄 수도 있죠. 중요한 것은 매일, 같은 시간, 같은 양으로 아이만의 공부 루틴을 만드는 것입니다. 메인 학습 전에 워밍업으로 활용하면 짧은 시간 몰입하는 집중력이 강화되어 공부 부스터의 역할을 할 수도 있어요.

아이가 자라고, 점점 공부할 양이 늘어나면 가장 중요한 것이 바로 매일 공부하는 습관을 만드는 일입니다. 어릴 때부터 계획하고 실행하는 습관을 만들면 작은 성취감과 자신감이 쌓이면서 다른 일도 해낼 수 있는 내공이 생겨요.

토독, 한 장씩 가볍게!

한 장과 한 권은 아이가 체감하는
부담이 달라요. 학습량에 대한
부담감이 줄어들면 아이의 공부 습관을
더 쉽게 만들 수 있어요.

2 반복 학습으로 '정확성'부터 '속도'까지 모두 잡아요.

피아노 연주를 배운다고 생각해 보세요. 처음부터 한 곡을 아름답게 연주할 수 있나요? 악보를 읽고, 건반을 하나하나 누르는 게 가능해도 각 음을 박자에 맞춰 정확하고 리듬감 있게 멜로디로 연주하려면 여러 번 반복해서 연습하는 과정이 꼭 필요합니다. 수학도 똑같아요. 개념을 알고 문제를 이해할 수 있어도 계산은 꼭 반복해서 훈련해야 합니다. 수나 식을 계산하는 데 시간이 걸리면 문제를 풀 시간이 모자라게 되고, 어려운 풀이 과정을 다 세워놓고도 마지막 단순 계산에서 실수를 하게 될 수도 있어요. 계산 방법을 몰라서 틀리는 게 아니라 절차 수행이 능숙하지 않아서 오작동을 일으키거나 시간이 오래 걸리는 거랍니다. 꾸준하게 같은 난이도의 문제를 충분히 반복하면 실수가 줄어들고, 점점 빠르게 계산할 수 있어요. 정확성과 속도를 높이는 데 중점을 두고 연산 훈련을 해서 수학의 기초를 튼튼하게 다지세요.

One Day 반복 설계

하루 1장, 2가지 유형
동일 난이도로 5일 반복

×5

3 반복은 아이 성향과 상황에 맞게 조절하세요.

연산 학습에 반복은 꼭 필요하지만, 아이가 지치고 수학을 싫어하게 만들 정도라면 반복하는 루틴을 조절해 보세요. 아이가 충분히 잘 알고 잘하는 주제라면 반복의 양을 줄일 수도 있고, 매일이 너무 바쁘다면 3일은 연산, 2일은 독해로 과목을 다르게 공부할 수도 있어요. 다만 남은 일차는 계산 실수가 잦을 때 다시 풀어보기로 아이와 약속해 두는 것이 좋아요.

아이의 성향과 현재 상황을 잘 살펴서 융통성 있게 반복하는 '내 아이 맞춤 패턴'을 만들어 보세요.

계산법 맞춤 패턴 만들기

1. 단계별로 3일치만 풀기
3일씩만 풀고, 남은 2일치는 시험 대비나 복습용으로 쓰세요.

2. 2단계씩 묶어서 반복하기
1, 2단계를 3일치씩 풀고 다시 1단계로 돌아가 남은 2일치를 풀어요. 교차학습은 지식을 좀더 오래 기억할 수 있도록 하죠.

4 응용 문제를 풀 때 필요한 연산까지 연습하세요.

연산 훈련을 충분히 하더라도 실제로 학교 시험에 나오는 문제를 보면 당황할 수 있어요. 아이들은 문제의 꼴이 조금만 달라져도 지레 겁을 냅니다.

특히 모르는 수를 □로 놓고 식을 세워야 하는 문장제가 학교 시험에 나오면 아이들은 당황하기 시작하죠. 아이 입장에서 기초 연산으로 해결할 수 없는 □ 자체가 낯설고 어떻게 풀어야 할지 고민될 수 있습니다.

이럴 때는 식 4+□=7을 7-4=□로 바꾸는 것에 익숙해지는 연습해 보세요. 학교에서 알려주지 않지만 응용 문제에는 꼭 필요한 □가 있는 식을 훈련하면 연산에서 응용까지 쉽게 연결할 수 있어요. 스스로 세수를 하고 싶지만 세면대가 너무 높은 아이를 위해 작은 계단을 놓아준다고 생각하세요.

초등 방정식 훈련

초등학생 눈높이에 맞는 □가 있는 식
바꾸기 훈련으로 한 권을 마무리하세요.
문장제처럼 다양한 연산 활용 문제를
푸는 밑바탕을 만들 수 있어요.

5 아이 스스로 계획하고, 실천해서 자기공부력을 쑥쑥 키워요.

백 명의 아이들은 제각기 백 가지 색깔을 지니고 있어요. 아이가 승부욕이 있다면 시간 재기를, 계획 세우는 것을 좋아한다면 스스로 약속을 할 수 있게 돕는 것도 좋아요. 아이와 많은 이야기를 나누면서 공부가 잘되는 시간, 환경, 동기 부여 방법 등을 살펴보고 주도적으로 실천할 수 있는 분위기를 만드는 것이 중요합니다.

아이 스스로 계획하고 실천하면 오늘 약속한 것을 모두 끝냈다는 작은 성취감을 가질 수 있어요. 자기 공부에 대한 책임감도 생깁니다. 자신만의 공부 스타일을 찾고, 주도적으로 실천해야 자기공부력을 키울 수 있어요.

나만의 학습 기록표

잘 보이는 곳에 붙여놓고 주도적으로
실천해요. 어제보다, 지난주보다,
지난달보다 나아진 실력을 보면서
뿌듯함을 느껴보세요!

권별 학습 구성

〈기적의 계산법〉은 유아 단계부터 초등 6학년까지로 구성된 연산 프로그램 교재입니다.
권별, 단계별 내용을 한눈에 확인하고,
유아부터 초등까지 〈기적의 계산법〉으로 공부하세요.

· 차례 ·

81 단계

약수와 공약수, 배수와 공배수

▶ 학습계획 : 매일 공부할 날짜를 정하고, 계획에 맞게 공부하세요.

일차	1일차	2일차	3일차	4일차	5일차
날짜	/	/	/	/	/

▶ 학습연계 : 지금 무엇을 배우는지 확인하고, 이전에 배운 단계와 앞으로 배울 단계를 살펴보세요.

81 약수와 공약수, 배수와 공배수

- **약수**: 어떤 수를 나누어떨어지게 하는 수
- **공약수**: 두 수의 공통된 약수

- **배수**: 어떤 수를 1배, 2배, 3배…… 한 수
- **공배수**: 두 수의 공통된 배수

[6의 약수 구하기]
나눗셈을 이용해요.
$6÷1=6, 6÷2=3, 6÷3=2,$
$6÷4=1…2, 6÷5=1…1, 6÷6=1$
➡ 6의 약수: 1, 2, 3, 6

[2의 배수 구하기]
1부터 차례대로 곱해요.
$2×1=2, 2×2=4, 2×3=6,$
$2×4=8, 2×5=10, 2×6=12……$
➡ 2의 배수: 2, 4, 6, 8, 10, 12……

[10의 약수 구하기]
곱셈을 이용해요.
$10=1×10, 10=2×5$
➡ 10의 약수: 1, 2, 5, 10

[3의 배수 구하기]
$3×1=3, 3×2=6, 3×3=9,$
$3×4=12, 3×5=15, 3×6=18……$
➡ 3의 배수: 3, 6, 9, 12, 15, 18……

[6과 10의 공약수 구하기]
6의 약수: 1, 2, 3, 6
10의 약수: 1, 2, 5, 10
➡ 6과 10의 공약수: 1, 2

[2와 3의 공배수 구하기]
2의 배수: 2, 4, 6, 8, 10, 12……
3의 배수: 3, 6, 9, 12, 15, 18……
➡ 2와 3의 공배수: 6, 12……

A

약수와 공약수

8의 약수: 1, 2, 4, 8
$8=1×8=2×4$

12의 약수: 1, 2, 3, 4, 6, 12
$12=1×12=2×6=3×4$

➡ 8과 12의 공약수: 1, 2, 4

B

배수와 공배수

8의 배수: 8, 16, 24, 32, 40, 48……
8×1　8×2　8×3　8×4　8×5　8×6

12의 배수: 12, 24, 36, 48……
12×1　12×2　12×3　12×4

➡ 8과 12의 공배수: 24, 48……

★ 곱셈을 이용하여 약수 구하는 방법으로 두 수의 공약수를 모두 구하세요.

| (4, 6) ➡ | 4=1×4=2×2 → ①, ②, 4 | ➡ | 1, 2 |
| | 6=1×6=2×3 → ①, ②, 3, 6 | | |

① (9, 3) ➡ ➡

② (6, 14) ➡ ➡

③ (8, 20) ➡ ➡

④ (12, 18) ➡ ➡

⑤ (15, 27) ➡ ➡

⑥ (32, 24) ➡ ➡

★ 두 수의 공배수를 작은 수부터 순서대로 3개 구하세요.

(2, 4) ➡	┌ 2, ④, 6, ⑧, 10, ⑫······ └ ④, ⑧, ⑫······	➡ 4, 8, 12

① (3, 4)   ➡   ➡

② (8, 6)   ➡   ➡

③ (4, 16) ➡   ➡

④ (12, 3) ➡   ➡

⑤ (11, 22) ➡   ➡

⑥ (20, 30) ➡   ➡

★ 곱셈을 이용하여 약수 구하는 방법으로 두 수의 공약수를 모두 구하세요.

$(2, 4)$ ➡ $2 = 1 \times 2$ ➡ ①, ②   ➡ 1, 2
                $4 = 1 \times 4 = 2 \times 2$ ➡ ①, ②, 4

① $(6, 8)$ ➡   ➡

② $(4, 10)$ ➡   ➡

③ $(16, 6)$ ➡   ➡

④ $(18, 24)$ ➡   ➡

⑤ $(35, 45)$ ➡   ➡

⑥ $(42, 48)$ ➡   ➡

★ 두 수의 공배수를 작은 수부터 순서대로 3개 구하세요.

(3, 6) ➡ 3, ⑥, 9, ⑫, 15, ⑱······ ➡ 6, 12, 18
⑥, ⑫, ⑱······

① (8, 2) ➡   ➡

② (4, 10) ➡   ➡

③ (7, 14) ➡   ➡

④ (10, 15) ➡   ➡

⑤ (8, 12) ➡   ➡

⑥ (16, 24) ➡   ➡

⭐ 곱셈을 이용하여 약수 구하는 방법으로 두 수의 공약수를 모두 구하세요.

(6, 9) ➡ 6=1×6=2×3 → ①, 2, ③, 6   ➡   1, 3
         9=1×9=3×3 → ①, ③, 9

---

① (8, 4) ➡   ➡

② (9, 27) ➡   ➡

③ (12, 6) ➡   ➡

④ (16, 32) ➡   ➡

⑤ (36, 24) ➡   ➡

⑥ (40, 72) ➡   ➡

★ 두 수의 공배수를 작은 수부터 순서대로 3개 구하세요.

(8, 4) ➡ ⎡ ⑧, ⑯, ㉔······ ➡ 8, 16, 24
⎣ 4, ⑧, 12, ⑯, 20, ㉔······

① (2, 6) ➡ ➡

② (5, 15) ➡ ➡

③ (12, 9) ➡ ➡

④ (18, 12) ➡ ➡

⑤ (20, 10) ➡ ➡

⑥ (21, 7) ➡ ➡

약수와 공약수, 배수와 공배수

A

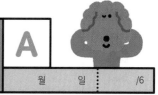

★ 곱셈을 이용하여 약수 구하는 방법으로 두 수의 공약수를 모두 구하세요.

(8, 12) ➡ 8=1×8=2×4 ➡ ①, ②, ④, 8   ➡ 1, 2, 4
12=1×12=2×6=3×4
➡ ①, ②, 3, ④, 6, 12

① (9, 15) ➡   ➡

② (18, 4) ➡   ➡

③ (10, 20) ➡   ➡

④ (14, 42) ➡   ➡

⑤ (21, 27) ➡   ➡

⑥ (36, 63) ➡   ➡

★ 두 수의 공배수를 작은 수부터 순서대로 3개 구하세요.

| (3, 2) ➡ | ┌ 3, ⑥, 9, ⑫, 15, ⑱······ ➡ 6, 12, 18 |
| | └ 2, 4, ⑥, 8, 10, ⑫, 14, 16, ⑱······ |

① (4, 6) ➡   ➡

② (6, 9) ➡   ➡

③ (12, 16) ➡   ➡

④ (9, 27) ➡   ➡

⑤ (14, 21) ➡   ➡

⑥ (30, 15) ➡   ➡

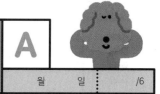
⭐ 곱셈을 이용하여 약수 구하는 방법으로 두 수의 공약수를 모두 구하세요.

(6, 15) ➡ 6=1×6=2×3 ➡ ①, 2, ③, 6   ➡   1, 3
              15=1×15=3×5 ➡ ①, ③, 5, 15

---

① (8, 28) ➡   ➡

② (9, 21) ➡   ➡

③ (12, 16) ➡   ➡

④ (28, 49) ➡   ➡

⑤ (40, 56) ➡   ➡

⑥ (65, 52) ➡   ➡

★ 두 수의 공배수를 작은 수부터 순서대로 3개 구하세요.

> (6, 12) ➡ ┌ 6, ⑫, 18, ㉔, 30, ㊱……   ➡   12, 24, 36
>   └ ⑫, ㉔, ㊱……

① (3, 9)   ➡   ➡

② (2, 12) ➡   ➡

③ (10, 25) ➡   ➡

④ (18, 27) ➡   ➡

⑤ (24, 32) ➡   ➡

⑥ (30, 50) ➡   ➡

82 단계

최대공약수와 최소공배수

▶ 학습계획 : 매일 공부할 날짜를 정하고, 계획에 맞게 공부하세요.

일차	1일차	2일차	3일차	4일차	5일차
날짜	/	/	/	/	/

▶ 학습연계 : 지금 무엇을 배우는지 확인하고, 이전에 배운 단계와 앞으로 배울 단계를 살펴보세요.

82 최대공약수와 최소공배수

곱셈이나 나눗셈을 이용하여 두 수를 가장 작은 수로 쪼개요.

└ 약수가 1과 자기 자신뿐인 수

공약수 중에서 가장 큰 수를 최대공약수, 공배수 중에서 가장 작은 수를 최소공배수라고 해요.
수를 곱셈식으로 나타내거나 거꾸로 된 나눗셈을 이용하여 구할 수 있습니다.

곱셈으로 구하기

두 수를 작은 수들로 쪼개어 곱셈으로 나타내요.

$$12 = \boxed{2 \times 2} \times 3 \qquad 20 = \boxed{2 \times 2} \times 5$$

- 최대공약수는 공통으로 들어 있는 수만 골라서 곱해요.

  12와 20의 최대공약수 ➡ $\boxed{2 \times 2} = 4$

- 최소공배수는 공통으로 들어 있는 수와 나머지 수를 모두 곱해요.

  12와 20의 최소공배수

  ➡ $\boxed{2 \times 2} \times 3 \times 5 = 60$

거꾸로 나눗셈으로 구하기

남은 두 수의 공약수가 1뿐일 때까지 계속 나누어요.

```
2 ) 12  20          2 ) 12  20
      6  10    ➡    2 )  6  10
                         3   5
```
12와 20의 공약수 / 6과 10의 공약수 / 공약수가 1뿐!

- 최대공약수는 ↓ 방향으로 곱해요.
  세로에 있는 공약수를 모두 곱해요.

  12와 20의 최대공약수 ➡ $\boxed{2 \times 2} = 4$

- 최소공배수는 ⌐→ 방향으로 곱해요.
  세로에 있는 공약수와 마지막에 남은 공약수가 1뿐인 두 수까지 모두 곱해요.

  12와 20의 최소공배수

  ➡ $\boxed{2 \times 2} \times 3 \times 5 = 60$

A

곱셈으로 구하기

$$20 = \boxed{2} \times \boxed{2} \times \boxed{5}$$
$$30 = \boxed{2} \times \boxed{3} \times \boxed{5}$$

➡ 최대공약수 : $\boxed{2 \times 5} = 10$
최소공배수 : $\boxed{2 \times 5} \times 2 \times 3 = 60$

B

거꾸로 나눗셈으로 구하기

```
2 ) 20  30
5 ) 10  15
      2   3
```

➡ 최대공약수 : $\boxed{2 \times 5} = 10$
최소공배수 : $\boxed{2 \times 5} \times \boxed{2 \times 3} = 60$

★ 다음과 같은 방법으로 두 수의 최대공약수와 최소공배수를 구하세요.

(18, 30) ➡ $18 = \boxed{2 \times 3} \times 3$ ➡ 최대공약수: $\boxed{2 \times 3} = 6$

2 9   2 15
3 3   3 5

$30 = \boxed{2 \times 3} \times 5$ 최소공배수: $\boxed{2 \times 3} \times 3 \times 5 = 90$

---

① (9, 45) ➡   ➡ 최대공약수:
3 3   3 15   최소공배수:
        3 5

② (12, 36) ➡   ➡ 최대공약수:
                                                      최소공배수:

③ (18, 21) ➡   ➡ 최대공약수:
                                                      최소공배수:

④ (27, 63) ➡   ➡ 최대공약수:
                                                      최소공배수:

⑤ (32, 48) ➡   ➡ 최대공약수:
                                                      최소공배수:

최대공약수와 최소공배수

★ 다음과 같은 방법으로 두 수의 최대공약수와 최소공배수를 구하세요.

$$
\begin{array}{r|cc}
2 & 40 & 50 \\
5 & 20 & 25 \\
\hline
 & 4 & 5
\end{array}
$$
→ 최대공약수: $2 \times 5 = 10$

최소공배수: $2 \times 5 \times 4 \times 5 = 200$

① $\overline{)\,7\quad 28}$

최대공약수:
최소공배수:

④ $\overline{)\,18\quad 42}$

최대공약수:
최소공배수:

⑦ $\overline{)\,32\quad 40}$

최대공약수:
최소공배수:

② $\overline{)\,8\quad 16}$

최대공약수:
최소공배수:

⑤ $\overline{)\,24\quad 10}$

최대공약수:
최소공배수:

⑧ $\overline{)\,42\quad 56}$

최대공약수:
최소공배수:

③ $\overline{)\,9\quad 39}$

최대공약수:
최소공배수:

⑥ $\overline{)\,27\quad 36}$

최대공약수:
최소공배수:

⑨ $\overline{)\,48\quad 57}$

최대공약수:
최소공배수:

★ 다음과 같은 방법으로 두 수의 최대공약수와 최소공배수를 구하세요.

(6, 18) ➡ 6 = 2 × 3   ➡ 최대공약수: 2 × 3 = 6
2 3 2 9   18 = 2 × 3 × 3   최소공배수: 2 × 3 × 3 = 18
3 3

① (16, 10) ➡   ➡ 최대공약수:
2 8 2 5   최소공배수:
2 4
2 2

② (18, 58) ➡   ➡ 최대공약수:
최소공배수:

③ (22, 8) ➡   ➡ 최대공약수:
최소공배수:

④ (24, 36) ➡   ➡ 최대공약수:
최소공배수:

⑤ (32, 12) ➡   ➡ 최대공약수:
최소공배수:

★ 다음과 같은 방법으로 두 수의 최대공약수와 최소공배수를 구하세요.

$$
\begin{array}{r}
2\,)\,\overline{\,16\ \ 20\,} \\
2\,)\,\overline{\ \ 8\ \ 10\,} \\
\overline{\ \ 4\ \ \ 5\,}
\end{array}
\quad\Rightarrow\quad
$$

최대공약수: $2 \times 2 = 4$

최소공배수: $2 \times 2 \times 4 \times 5 = 80$

① $)\,\overline{2\ \ 24}$

최대공약수:
최소공배수:

④ $)\,\overline{18\ \ 81}$

최대공약수:
최소공배수:

⑦ $)\,\overline{40\ \ 48}$

최대공약수:
최소공배수:

② $)\,\overline{10\ \ 14}$

최대공약수:
최소공배수:

⑤ $)\,\overline{26\ \ 39}$

최대공약수:
최소공배수:

⑧ $)\,\overline{42\ \ 54}$

최대공약수:
최소공배수:

③ $)\,\overline{15\ \ 75}$

최대공약수:
최소공배수:

⑥ $)\,\overline{30\ \ 15}$

최대공약수:
최소공배수:

⑨ $)\,\overline{52\ \ 65}$

최대공약수:
최소공배수:

최대공약수와 최소공배수

A

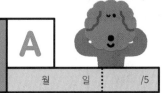

★ 다음과 같은 방법으로 두 수의 최대공약수와 최소공배수를 구하세요.

$(8, 12)$ ➡ $8 = \boxed{2 \times 2} \times 2$
$12 = \boxed{2 \times 2} \times 3$

➡ 최대공약수: $\boxed{2 \times 2} = 4$
최소공배수: $\boxed{2 \times 2} \times 2 \times 3 = 24$

① $(12, 30)$ ➡

➡ 최대공약수:
최소공배수:

② $(16, 72)$ ➡

➡ 최대공약수:
최소공배수:

③ $(35, 56)$ ➡

➡ 최대공약수:
최소공배수:

④ $(45, 6)$ ➡

➡ 최대공약수:
최소공배수:

⑤ $(49, 35)$ ➡

➡ 최대공약수:
최소공배수:

최대공약수와 최소공배수

★ 다음과 같은 방법으로 두 수의 최대공약수와 최소공배수를 구하세요.

$$
\begin{array}{r|cc}
2 & 18 & 24 \\
3 & 9 & 12 \\
\hline
 & 3 & 4
\end{array}
$$
➡ 최대공약수: $2 \times 3 = 6$

최소공배수: $2 \times 3 \times 3 \times 4 = 72$

①)12 18

최대공약수:
최소공배수:

④)27 54

최대공약수:
최소공배수:

⑦)42 48

최대공약수:
최소공배수:

②)14 21

최대공약수:
최소공배수:

⑤)28 8

최대공약수:
최소공배수:

⑧)44 22

최대공약수:
최소공배수:

③)16 6

최대공약수:
최소공배수:

⑥)30 39

최대공약수:
최소공배수:

⑨)51 17

최대공약수:
최소공배수:

4 Day

최대공약수와 최소공배수

A

월   일   /5

★ 다음과 같은 방법으로 두 수의 최대공약수와 최소공배수를 구하세요.

$(12, 15)$ ➡ $12 = 2 \times 2 \times 3$ ➡ 최대공약수: 3
$15 = 3 \times 5$ 최소공배수: $3 \times 2 \times 2 \times 5 = 60$

① $(20, 28)$ ➡   ➡ 최대공약수:
최소공배수:

② $(24, 56)$ ➡   ➡ 최대공약수:
최소공배수:

③ $(27, 3)$ ➡   ➡ 최대공약수:
최소공배수:

④ $(40, 45)$ ➡   ➡ 최대공약수:
최소공배수:

⑤ $(48, 64)$ ➡   ➡ 최대공약수:
최소공배수:

★ 다음과 같은 방법으로 두 수의 최대공약수와 최소공배수를 구하세요.

$$
\begin{array}{r}
2\,)\,20\ \ 24 \\
2\,)\,10\ \ 12 \\
\hline
5\ \ \ 6
\end{array}
$$
→ 최대공약수: $2 \times 2 = 4$

최소공배수: $2 \times 2 \times 5 \times 6 = 120$

① $)\,6\ \ 32$

최대공약수:
최소공배수:

④ $)\,24\ \ 30$

최대공약수:
최소공배수:

⑦ $)\,42\ \ 49$

최대공약수:
최소공배수:

② $)\,12\ \ 54$

최대공약수:
최소공배수:

⑤ $)\,28\ \ 40$

최대공약수:
최소공배수:

⑧ $)\,48\ \ 24$

최대공약수:
최소공배수:

③ $)\,16\ \ 20$

최대공약수:
최소공배수:

⑥ $)\,33\ \ 66$

최대공약수:
최소공배수:

⑨ $)\,52\ \ 56$

최대공약수:
최소공배수:

5 Day → 최대공약수와 최소공배수

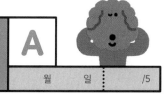

★ 다음과 같은 방법으로 두 수의 최대공약수와 최소공배수를 구하세요.

$(10, 18)$ ➡ $10 = \boxed{2} \times 5$

$18 = \boxed{2} \times 3 \times 3$

➡ 최대공약수: $\boxed{2}$

최소공배수: $\boxed{2} \times 5 \times 3 \times 3 = 90$

① $(18, 63)$ ➡

➡ 최대공약수:

최소공배수:

② $(16, 36)$ ➡

➡ 최대공약수:

최소공배수:

③ $(32, 72)$ ➡

➡ 최대공약수:

최소공배수:

④ $(42, 30)$ ➡

➡ 최대공약수:

최소공배수:

⑤ $(96, 8)$ ➡

➡ 최대공약수:

최소공배수:

5
Day

최대공약수와 최소공배수

★ 다음과 같은 방법으로 두 수의 최대공약수와 최소공배수를 구하세요.

2) 28 60
2) 14 30
　　 7 15

➡ 최대공약수: 2 × 2 = 4

최소공배수: 2 × 2 × 7 × 15 = 420

①) 9 12

최대공약수:
최소공배수:

④) 22 33

최대공약수:
최소공배수:

⑦) 44 16

최대공약수:
최소공배수:

②) 10 30

최대공약수:
최소공배수:

⑤) 24 45

최대공약수:
최소공배수:

⑧) 49 56

최대공약수:
최소공배수:

③) 15 18

최대공약수:
최소공배수:

⑥) 36 72

최대공약수:
최소공배수:

⑨) 56 64

최대공약수:
최소공배수:

83
단계

공약수와 최대공약수의 관계
공배수와 최소공배수의 관계

▶ 학습계획 : 매일 공부할 날짜를 정하고, 계획에 맞게 공부하세요.

일차	1일차	2일차	3일차	4일차	5일차
날짜	/	/	/	/	/

▶ 학습연계 : 지금 무엇을 배우는지 확인하고, 이전에 배운 단계와 앞으로 배울 단계를 살펴보세요.

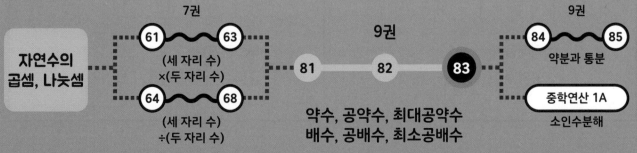

자연수의
곱셈, 나눗셈

7권
61 ~ 63
(세 자리 수)
×(두 자리 수)

64 ~ 68
(세 자리 수)
÷(두 자리 수)

9권
81   82   83
약수, 공약수, 최대공약수
배수, 공배수, 최소공배수

9권
84 ~ 85
약분과 통분

중학연산 1A
소인수분해

83 공약수와 최대공약수의 관계
공배수와 최소공배수의 관계

최대공약수를 알면 공약수를 구할 수 있어요.

두 수의 공약수는 최대공약수의 약수와 같아요.

공약수를 구할 때 최대공약수를 먼저 구한 다음 최대공약수의 약수를 구하면 됩니다.

$$
\begin{array}{r|rr}
2 & 12 & 20 \\
2 & 6 & 10 \\
\hline
& 3 & 5
\end{array}
$$

12와 20의 최대공약수: 2×2=4

12와 20의 공약수: 4의 약수 → 1, 2, 4

최소공배수를 알면 공배수를 구할 수 있어요.

두 수의 공배수는 최소공배수의 배수와 같아요.

공배수를 구할 때 최소공배수를 먼저 구한 다음 최소공배수의 배수를 구하면 됩니다.

$$
\begin{array}{r|rr}
2 & 12 & 20 \\
2 & 6 & 10 \\
\hline
& 3 & 5
\end{array}
$$

12와 20의 최소공배수: 2×2×3×5=60

12와 20의 공배수: 60의 배수 → 60, 120, 180……

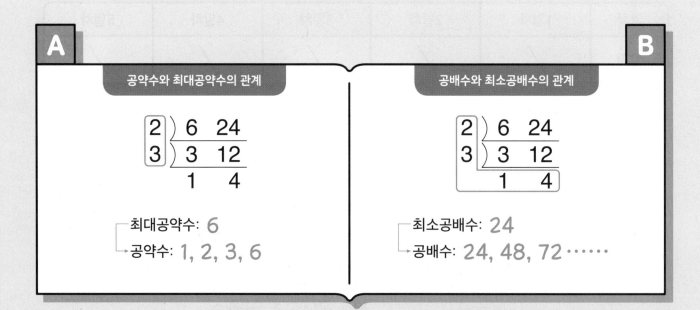

A 공약수와 최대공약수의 관계

$$
\begin{array}{r|rr}
2 & 6 & 24 \\
3 & 3 & 12 \\
\hline
& 1 & 4
\end{array}
$$

최대공약수: 6

공약수: 1, 2, 3, 6

B 공배수와 최소공배수의 관계

$$
\begin{array}{r|rr}
2 & 6 & 24 \\
3 & 3 & 12 \\
\hline
& 1 & 4
\end{array}
$$

최소공배수: 24

공배수: 24, 48, 72……

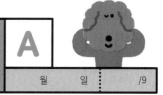
★ 두 수의 최대공약수를 구한 다음 최대공약수를 이용하여 두 수의 공약수를 모두 구하세요.

① 3)6 9
      2 3
   ↑   ↑
공약수가 1뿐인지
꼭 확인해요.

최대공약수:
공약수:
↑
최대공약수의 약수

④)12 18

최대공약수:
공약수:

⑦)9 45

최대공약수:
공약수:

②)4 8

최대공약수:
공약수:

⑤)8 20

최대공약수:
공약수:

⑧)24 32

최대공약수:
공약수:

③)16 24

최대공약수:
공약수:

⑥)39 52

최대공약수:
공약수:

⑨)30 40

최대공약수:
공약수:

★ 두 수의 최소공배수를 구한 다음 최소공배수를 이용하여 두 수의 공배수를 작은 수부터 3개 구하세요.

① 3) 3 9
　　　1　3
　↑　　↑
공약수가 1뿐인지
꼭 확인해요.

최소공배수:
공배수:
↑
최소공배수의 배수

④) 10 15

최소공배수:
공배수:

⑦) 27 9

최소공배수:
공배수:

②) 6 8

최소공배수:
공배수:

⑤) 15 18

최소공배수:
공배수:

⑧) 25 15

최소공배수:
공배수:

③) 12 20

최소공배수:
공배수:

⑥) 4 12

최소공배수:
공배수:

⑨) 8 16

최소공배수:
공배수:

★ 두 수의 최대공약수를 구한 다음 최대공약수를 이용하여 두 수의 공약수를 모두 구하세요.

① 2) 8 18

   4   9

공약수가 1뿐인지
꼭 확인해요.

최대공약수:
공약수:
↑
최대공약수의 약수

④) 20 36

최대공약수:
공약수:

⑦) 45 63

최대공약수:
공약수:

②) 28 49

최대공약수:
공약수:

⑤) 42 14

최대공약수:
공약수:

⑧) 24 52

최대공약수:
공약수:

③) 36 54

최대공약수:
공약수:

⑥) 9 24

최대공약수:
공약수:

⑨) 125 25

최대공약수:
공약수:

★ 두 수의 최소공배수를 구한 다음 최소공배수를 이용하여 두 수의 공배수를 작은 수부터 3개 구하세요.

① 3) 6 15
　　　 2　 5
　　　↑　 ↑
　공약수가 1뿐인지
　꼭 확인해요.

최소공배수:
공배수:
　　↑
최소공배수의 배수

④) 12 9

최소공배수:
공배수:

⑦) 4 16

최소공배수:
공배수:

②) 18 27

최소공배수:
공배수:

⑤) 2 10

최소공배수:
공배수:

⑧) 21 14

최소공배수:
공배수:

③) 8 10

최소공배수:
공배수:

⑥) 18 24

최소공배수:
공배수:

⑨) 16 32

최소공배수:
공배수:

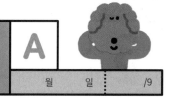
★ 두 수의 최대공약수를 구한 다음 최대공약수를 이용하여 두 수의 공약수를 모두 구하세요.

① 3) 15 12
　　　 5　 4
　　↑　 ↑
　공약수가 1뿐인지
　꼭 확인해요.

최대공약수:

공약수:
　↑
최대공약수의 약수

④) 72 54

최대공약수:

공약수:

⑦) 30 24

최대공약수:

공약수:

②) 45 81

최대공약수:

공약수:

⑤) 36 24

최대공약수:

공약수:

⑧) 15 30

최대공약수:

공약수:

③) 16 36

최대공약수:

공약수:

⑥) 25 35

최대공약수:

공약수:

⑨) 40 72

최대공약수:

공약수:

공약수와 최대공약수의 관계
공배수와 최소공배수의 관계

★ 두 수의 최소공배수를 구한 다음 최소공배수를 이용하여 두 수의 공배수를 작은 수부터 3개 구하세요.

① 7) 7 14
       1   2
    ↑   ↑
  공약수가 1뿐인지
   꼭 확인해요.

최소공배수:
공배수:
   ↑
최소공배수의 배수

④) 15 20

최소공배수:
공배수:

⑦) 12 18

최소공배수:
공배수:

②) 8 28

최소공배수:
공배수:

⑤) 21 6

최소공배수:
공배수:

⑧) 24 20

최소공배수:
공배수:

③) 27 3

최소공배수:
공배수:

⑥) 4 10

최소공배수:
공배수:

⑨) 9 15

최소공배수:
공배수:

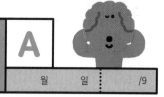
★ 두 수의 최대공약수를 구한 다음 최대공약수를 이용하여 두 수의 공약수를 모두 구하세요.

① 2)14 18
　　　 7　9
　　↑　　↑
　공약수가 1뿐인지
　꼭 확인해요.

최대공약수:
공약수:
↑
최대공약수의 약수

④)24　8

최대공약수:
공약수:

⑦)20　30

최대공약수:
공약수:

②)36　28

최대공약수:
공약수:

⑤)56　72

최대공약수:
공약수:

⑧)60　84

최대공약수:
공약수:

③)81　63

최대공약수:
공약수:

⑥)48　30

최대공약수:
공약수:

⑨)32　48

최대공약수:
공약수:

★ 두 수의 최소공배수를 구한 다음 최소공배수를 이용하여 두 수의 공배수를 작은 수부터 3개 구하세요.

① 2)14 2
       7 1
      공약수가 1뿐인지
      꼭 확인해요.

최소공배수:
공배수:
↑
최소공배수의 배수

④)30 50

최소공배수:
공배수:

⑦)35 7

최소공배수:
공배수:

②)45 18

최소공배수:
공배수:

⑤)12 16

최소공배수:
공배수:

⑧)55 11

최소공배수:
공배수:

③)36 9

최소공배수:
공배수:

⑥)12 8

최소공배수:
공배수:

⑨)24 15

최소공배수:
공배수:

★ 두 수의 최대공약수를 구한 다음 최대공약수를 이용하여 두 수의 공약수를 모두 구하세요.

① 7)21 35
　　　　3   5
　　　　↑   ↑
　　　공약수가 1뿐인지
　　　꼭 확인해요.

최대공약수:
공약수:
↑
최대공약수의 약수

④)56 60

최대공약수:
공약수:

⑦)48 40

최대공약수:
공약수:

②)18 27

최대공약수:
공약수:

⑤)40 20

최대공약수:
공약수:

⑧)36 48

최대공약수:
공약수:

③)42 6

최대공약수:
공약수:

⑥)33 66

최대공약수:
공약수:

⑨)32 64

최대공약수:
공약수:

★ 두 수의 최소공배수를 구한 다음 최소공배수를 이용하여 두 수의 공배수를 작은 수부터 3개 구하세요.

① 5 $)\overline{25\ 40}$
　　　5　8
　　공약수가 1뿐인지
　　꼭 확인해요.

최소공배수:
공배수:
　↑
최소공배수의 배수

④ $)\overline{36\ 20}$

최소공배수:
공배수:

⑦ $)\overline{18\ 30}$

최소공배수:
공배수:

② $)\overline{16\ 24}$

최소공배수:
공배수:

⑤ $)\overline{10\ 50}$

최소공배수:
공배수:

⑧ $)\overline{24\ 8}$

최소공배수:
공배수:

③ $)\overline{22\ 44}$

최소공배수:
공배수:

⑥ $)\overline{14\ 42}$

최소공배수:
공배수:

⑨ $)\overline{48\ 30}$

최소공배수:
공배수:

84
단계

약분

▶ 학습계획 : 매일 공부할 날짜를 정하고, 계획에 맞게 공부하세요.

일차	1일차	2일차	3일차	4일차	5일차
날짜	/	/	/	/	/

▶ 학습연계 : 지금 무엇을 배우는지 확인하고, 이전에 배운 단계와 앞으로 배울 단계를 살펴보세요.

분수의
덧셈, 뺄셈

9권
81 ~ 83
약수와 배수

9권
84 — 85
약분과 통분

9권
86 ~ 89
분모가 다른
분수의 덧셈과 뺄셈

84 약분

분모와 분자를 똑같은 수로 나누면 크기가 같은 분수를 만들 수 있어요.

분모와 분자를 각각 0이 아닌 같은 수로 나누면 크기가 같은 분수가 됩니다. 이렇게 간단한 분수로 만드는 것을 약분한다고 합니다. 이때 나누는 수는 분모와 분자의 공약수예요.
약분은 분수의 곱셈과 나눗셈에서 계산을 간편하게 할 수 있으므로 잘 알아 둡니다.

$$\frac{18}{30} \text{을 약분하기} \Rightarrow \frac{18 \div 2}{30 \div 2} = \frac{9}{15}, \quad \frac{18 \div 3}{30 \div 3} = \frac{6}{10}, \quad \frac{18 \div 6}{30 \div 6} = \frac{3}{5}$$

분모 30과 분자 18의 공약수

약분 나타내기 분모와 분자에 /을 긋고 공약수로 나눈 몫을 그 위 또는 아래에 작게 써요.

2로 약분 $\dfrac{\overset{9}{\cancel{18}}}{\underset{15}{\cancel{30}}}$

2로 약분하고
또 3으로 약분 $\dfrac{\overset{\overset{3}{9}}{\cancel{18}}}{\underset{\underset{5}{15}}{\cancel{30}}}$

6으로 약분 $\dfrac{\overset{3}{\cancel{18}}}{\underset{5}{\cancel{30}}}$

분모와 분자를 더 이상 나눌 수 없으면 기약분수!

분모와 분자의 공약수가 1뿐이어서 더는 약분할 수 없는 분수를 기약분수라고 합니다.
기약분수는 분모와 분자의 최대공약수로 약분하면 구할 수 있어요.

$$\frac{18}{30} \text{을 기약분수로 나타내기} \Rightarrow 18과 30의 최대공약수는 6 \Rightarrow \frac{18 \div 6}{30 \div 6} = \frac{3}{5}$$

기약분수

A

약분

$$\frac{8}{12} \Rightarrow \frac{\overset{4}{\cancel{8}}}{\underset{6}{\cancel{12}}} = \frac{4}{6}, \quad \frac{\overset{2}{\cancel{8}}}{\underset{3}{\cancel{12}}} = \frac{2}{3}$$

B

기약분수

$$\frac{8}{12} \Rightarrow \frac{\overset{2}{\cancel{8}}}{\underset{3}{\cancel{12}}} = \frac{2}{3}$$

★ 약분하세요.

① $\dfrac{4}{8}$ ➡ $\dfrac{\boxed{}}{4}$, $\dfrac{\boxed{}}{2}$

분모 8과 분자 4의
공약수로 약분해요.

② $\dfrac{6}{10}$ ➡ $\dfrac{\boxed{}}{5}$

③ $\dfrac{8}{12}$ ➡ $\dfrac{\boxed{}}{6}$, $\dfrac{\boxed{}}{3}$

④ $\dfrac{4}{24}$ ➡ $\dfrac{\boxed{}}{12}$, $\dfrac{\boxed{}}{6}$

⑤ $\dfrac{5}{40}$ ➡ $\dfrac{\boxed{}}{8}$

⑥ $\dfrac{6}{54}$ ➡ $\dfrac{\boxed{}}{27}$, $\dfrac{\boxed{}}{18}$, $\dfrac{\boxed{}}{9}$

⑦ $\dfrac{9}{63}$ ➡ $\dfrac{\boxed{}}{21}$, $\dfrac{\boxed{}}{7}$

⑧ $\dfrac{12}{15}$ ➡ $\dfrac{\boxed{}}{5}$

⑨ $\dfrac{15}{20}$ ➡ $\dfrac{\boxed{}}{4}$

⑩ $\dfrac{21}{28}$ ➡ $\dfrac{\boxed{}}{4}$

⑪ $\dfrac{13}{39}$ ➡ $\dfrac{\boxed{}}{3}$

⑫ $\dfrac{36}{42}$ ➡ $\dfrac{\boxed{}}{21}$, $\dfrac{\boxed{}}{14}$, $\dfrac{\boxed{}}{7}$

⑬ $\dfrac{16}{64}$ ➡ $\dfrac{\boxed{}}{32}$, $\dfrac{\boxed{}}{16}$, $\dfrac{\boxed{}}{8}$, $\dfrac{\boxed{}}{4}$

⑭ $\dfrac{24}{72}$ ➡ $\dfrac{\boxed{}}{36}$, $\dfrac{\boxed{}}{24}$, $\dfrac{\boxed{}}{18}$, $\dfrac{\boxed{}}{12}$, $\dfrac{\boxed{}}{9}$, $\dfrac{\boxed{}}{6}$, $\dfrac{\boxed{}}{3}$

★ 기약분수로 나타내세요.

① $\dfrac{2}{14} =$

분모 14와 분자 2의
최대공약수로 약분해요.

② $\dfrac{9}{15} =$

③ $\dfrac{6}{21} =$

④ $\dfrac{5}{30} =$

⑤ $\dfrac{9}{45} =$

⑥ $\dfrac{4}{52} =$

⑦ $\dfrac{8}{64} =$

⑧ $\dfrac{10}{12} =$

⑨ $\dfrac{18}{24} =$

⑩ $\dfrac{12}{36} =$

⑪ $\dfrac{42}{49} =$

⑫ $\dfrac{26}{52} =$

⑬ $\dfrac{18}{72} =$

⑭ $\dfrac{27}{81} =$

⑮ $\dfrac{10}{15} =$

⑯ $\dfrac{14}{28} =$

⑰ $\dfrac{20}{35} =$

⑱ $\dfrac{21}{42} =$

⑲ $\dfrac{39}{65} =$

⑳ $\dfrac{26}{78} =$

㉑ $\dfrac{22}{88} =$

⭐ 약분하세요.

① $\dfrac{4}{16}$ ➡ $\dfrac{\square}{8}$, $\dfrac{\square}{4}$

　　분모 16과 분자 4의
　　공약수로 약분해요.

② $\dfrac{6}{18}$ ➡ $\dfrac{\square}{9}$, $\dfrac{\square}{6}$, $\dfrac{\square}{3}$

③ $\dfrac{3}{21}$ ➡ $\dfrac{\square}{7}$

④ $\dfrac{8}{28}$ ➡ $\dfrac{\square}{14}$, $\dfrac{\square}{7}$

⑤ $\dfrac{6}{36}$ ➡ $\dfrac{\square}{18}$, $\dfrac{\square}{12}$, $\dfrac{\square}{6}$

⑥ $\dfrac{7}{56}$ ➡ $\dfrac{\square}{8}$

⑦ $\dfrac{9}{72}$ ➡ $\dfrac{\square}{24}$, $\dfrac{\square}{8}$

⑧ $\dfrac{12}{18}$ ➡ $\dfrac{\square}{9}$, $\dfrac{\square}{6}$, $\dfrac{\square}{3}$

⑨ $\dfrac{20}{25}$ ➡ $\dfrac{\square}{5}$

⑩ $\dfrac{16}{32}$ ➡ $\dfrac{\square}{16}$, $\dfrac{\square}{8}$, $\dfrac{\square}{4}$, $\dfrac{\square}{2}$

⑪ $\dfrac{27}{36}$ ➡ $\dfrac{\square}{12}$, $\dfrac{\square}{4}$

⑫ $\dfrac{14}{42}$ ➡ $\dfrac{\square}{21}$, $\dfrac{\square}{6}$, $\dfrac{\square}{3}$

⑬ $\dfrac{11}{55}$ ➡ $\dfrac{\square}{5}$

⑭ $\dfrac{36}{70}$ ➡ $\dfrac{\square}{35}$

2 Day > 약분

★ 기약분수로 나타내세요.

① $\dfrac{3}{15} =$

↑
분모 15와 분자 3의
최대공약수로 약분해요.

② $\dfrac{6}{16} =$

③ $\dfrac{9}{27} =$

④ $\dfrac{4}{28} =$

⑤ $\dfrac{8}{32} =$

⑥ $\dfrac{2}{46} =$

⑦ $\dfrac{6}{52} =$

⑧ $\dfrac{14}{16} =$

⑨ $\dfrac{10}{22} =$

⑩ $\dfrac{24}{30} =$

⑪ $\dfrac{16}{48} =$

⑫ $\dfrac{45}{54} =$

⑬ $\dfrac{33}{66} =$

⑭ $\dfrac{42}{75} =$

⑮ $\dfrac{12}{20} =$

⑯ $\dfrac{15}{35} =$

⑰ $\dfrac{42}{48} =$

⑱ $\dfrac{40}{56} =$

⑲ $\dfrac{56}{64} =$

⑳ $\dfrac{13}{78} =$

㉑ $\dfrac{18}{81} =$

⭐ 약분하세요.

① $\dfrac{6}{12}$ ➡ $\dfrac{\Box}{6}$, $\dfrac{\Box}{4}$, $\dfrac{\Box}{2}$

분모 12와 분자 6의
공약수로 약분해요.

⑧ $\dfrac{10}{14}$ ➡ $\dfrac{\Box}{7}$

② $\dfrac{8}{20}$ ➡ $\dfrac{\Box}{10}$, $\dfrac{\Box}{5}$

⑨ $\dfrac{16}{28}$ ➡ $\dfrac{\Box}{14}$, $\dfrac{\Box}{7}$

③ $\dfrac{2}{24}$ ➡ $\dfrac{\Box}{12}$

⑩ $\dfrac{17}{34}$ ➡ $\dfrac{\Box}{2}$

④ $\dfrac{7}{35}$ ➡ $\dfrac{\Box}{5}$

⑪ $\dfrac{32}{40}$ ➡ $\dfrac{\Box}{20}$, $\dfrac{\Box}{10}$, $\dfrac{\Box}{5}$

⑤ $\dfrac{6}{45}$ ➡ $\dfrac{\Box}{15}$

⑫ $\dfrac{35}{56}$ ➡ $\dfrac{\Box}{8}$

⑥ $\dfrac{9}{54}$ ➡ $\dfrac{\Box}{18}$, $\dfrac{\Box}{6}$

⑬ $\dfrac{45}{63}$ ➡ $\dfrac{\Box}{21}$, $\dfrac{\Box}{7}$

⑦ $\dfrac{5}{60}$ ➡ $\dfrac{\Box}{12}$

⑭ $\dfrac{28}{77}$ ➡ $\dfrac{\Box}{11}$

★ 기약분수로 나타내세요.

① $\dfrac{3}{12} =$

분모 12와 분자 3의
최대공약수로 약분해요.

② $\dfrac{8}{22} =$

③ $\dfrac{5}{25} =$

④ $\dfrac{8}{36} =$

⑤ $\dfrac{9}{42} =$

⑥ $\dfrac{3}{54} =$

⑦ $\dfrac{4}{68} =$

⑧ $\dfrac{15}{18} =$

⑨ $\dfrac{14}{21} =$

⑩ $\dfrac{21}{35} =$

⑪ $\dfrac{32}{48} =$

⑫ $\dfrac{40}{50} =$

⑬ $\dfrac{36}{63} =$

⑭ $\dfrac{34}{85} =$

⑮ $\dfrac{18}{27} =$

⑯ $\dfrac{25}{30} =$

⑰ $\dfrac{14}{49} =$

⑱ $\dfrac{33}{55} =$

⑲ $\dfrac{40}{64} =$

⑳ $\dfrac{54}{72} =$

㉑ $\dfrac{72}{80} =$

★ 약분하세요.

① $\dfrac{8}{16}$ ➡ $\dfrac{\boxed{}}{8}$, $\dfrac{\boxed{}}{4}$, $\dfrac{\boxed{}}{2}$

분모 16과 분자 8의
공약수로 약분해요.

② $\dfrac{6}{27}$ ➡ $\dfrac{\boxed{}}{9}$

③ $\dfrac{9}{33}$ ➡ $\dfrac{\boxed{}}{11}$

④ $\dfrac{7}{49}$ ➡ $\dfrac{\boxed{}}{7}$

⑤ $\dfrac{4}{56}$ ➡ $\dfrac{\boxed{}}{28}$, $\dfrac{\boxed{}}{14}$

⑥ $\dfrac{5}{65}$ ➡ $\dfrac{\boxed{}}{13}$

⑦ $\dfrac{6}{72}$ ➡ $\dfrac{\boxed{}}{36}$, $\dfrac{\boxed{}}{24}$, $\dfrac{\boxed{}}{12}$

⑧ $\dfrac{14}{18}$ ➡ $\dfrac{\boxed{}}{9}$

⑨ $\dfrac{24}{28}$ ➡ $\dfrac{\boxed{}}{14}$, $\dfrac{\boxed{}}{7}$

⑩ $\dfrac{30}{36}$ ➡ $\dfrac{\boxed{}}{18}$, $\dfrac{\boxed{}}{12}$, $\dfrac{\boxed{}}{6}$

⑪ $\dfrac{12}{44}$ ➡ $\dfrac{\boxed{}}{22}$, $\dfrac{\boxed{}}{11}$

⑫ $\dfrac{19}{57}$ ➡ $\dfrac{\boxed{}}{3}$

⑬ $\dfrac{32}{64}$ ➡ $\dfrac{\boxed{}}{32}$, $\dfrac{\boxed{}}{16}$, $\dfrac{\boxed{}}{8}$, $\dfrac{\boxed{}}{4}$, $\dfrac{\boxed{}}{2}$

⑭ $\dfrac{54}{81}$ ➡ $\dfrac{\boxed{}}{27}$, $\dfrac{\boxed{}}{9}$, $\dfrac{\boxed{}}{3}$

⭐ 기약분수로 나타내세요.

① $\dfrac{9}{12} =$

분모 12와 분자 9의
최대공약수로 약분해요.

② $\dfrac{7}{21} =$

③ $\dfrac{6}{39} =$

④ $\dfrac{3}{45} =$

⑤ $\dfrac{2}{58} =$

⑥ $\dfrac{8}{62} =$

⑦ $\dfrac{12}{75} =$

⑧ $\dfrac{12}{16} =$

⑨ $\dfrac{16}{24} =$

⑩ $\dfrac{28}{32} =$

⑪ $\dfrac{27}{45} =$

⑫ $\dfrac{38}{57} =$

⑬ $\dfrac{36}{60} =$

⑭ $\dfrac{12}{88} =$

⑮ $\dfrac{20}{28} =$

⑯ $\dfrac{14}{35} =$

⑰ $\dfrac{26}{40} =$

⑱ $\dfrac{12}{54} =$

⑲ $\dfrac{27}{63} =$

⑳ $\dfrac{45}{72} =$

㉑ $\dfrac{32}{80} =$

★ 약분하세요.

① $\dfrac{9}{18}$ ➡ $\dfrac{\boxed{}}{6}$, $\dfrac{\boxed{}}{2}$

분모 18과 분자 9의
공약수로 약분해요.

② $\dfrac{8}{26}$ ➡ $\dfrac{\boxed{}}{13}$

③ $\dfrac{6}{34}$ ➡ $\dfrac{\boxed{}}{17}$

④ $\dfrac{8}{48}$ ➡ $\dfrac{\boxed{}}{24}$, $\dfrac{\boxed{}}{12}$, $\dfrac{\boxed{}}{6}$

⑤ $\dfrac{9}{54}$ ➡ $\dfrac{\boxed{}}{18}$, $\dfrac{\boxed{}}{6}$

⑥ $\dfrac{4}{62}$ ➡ $\dfrac{\boxed{}}{31}$

⑦ $\dfrac{3}{78}$ ➡ $\dfrac{\boxed{}}{26}$

⑧ $\dfrac{16}{20}$ ➡ $\dfrac{\boxed{}}{10}$, $\dfrac{\boxed{}}{5}$

⑨ $\dfrac{22}{33}$ ➡ $\dfrac{\boxed{}}{3}$

⑩ $\dfrac{36}{46}$ ➡ $\dfrac{\boxed{}}{23}$

⑪ $\dfrac{24}{56}$ ➡ $\dfrac{\boxed{}}{28}$, $\dfrac{\boxed{}}{14}$, $\dfrac{\boxed{}}{7}$

⑫ $\dfrac{50}{65}$ ➡ $\dfrac{\boxed{}}{13}$

⑬ $\dfrac{13}{78}$ ➡ $\dfrac{\boxed{}}{6}$

⑭ $\dfrac{48}{80}$ ➡ $\dfrac{\boxed{}}{40}$, $\dfrac{\boxed{}}{20}$, $\dfrac{\boxed{}}{10}$, $\dfrac{\boxed{}}{5}$

5 **Day** 〉 약분

월   일   /21

★ 기약분수로 나타내세요.

① $\dfrac{8}{18} =$

분모 18과 분자 8의
최대공약수로 약분해요.

② $\dfrac{6}{24} =$

③ $\dfrac{4}{38} =$

④ $\dfrac{5}{40} =$

⑤ $\dfrac{3}{57} =$

⑥ $\dfrac{6}{63} =$

⑦ $\dfrac{9}{75} =$

⑧ $\dfrac{12}{26} =$

⑨ $\dfrac{26}{39} =$

⑩ $\dfrac{15}{40} =$

⑪ $\dfrac{13}{52} =$

⑫ $\dfrac{54}{63} =$

⑬ $\dfrac{33}{77} =$

⑭ $\dfrac{35}{84} =$

⑮ $\dfrac{15}{25} =$

⑯ $\dfrac{30}{32} =$

⑰ $\dfrac{42}{45} =$

⑱ $\dfrac{36}{54} =$

⑲ $\dfrac{48}{60} =$

⑳ $\dfrac{27}{72} =$

㉑ $\dfrac{50}{85} =$

85 단계

통분

▶ 학습계획 : 매일 공부할 날짜를 정하고, 계획에 맞게 공부하세요.

일차	1일차	2일차	3일차	4일차	5일차
날짜	/	/	/	/	/

▶ 학습연계 : 지금 무엇을 배우는지 확인하고, 이전에 배운 단계와 앞으로 배울 단계를 살펴보세요.

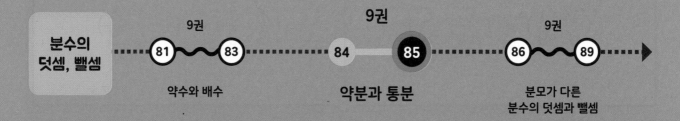

분수의 덧셈, 뺄셈

9권
81 ～ 83
약수와 배수

9권
84 **85**
약분과 통분

9권
86 ～ 89
분모가 다른
분수의 덧셈과 뺄셈

통분하면 서로 다른 분수의 분모를 같게 만들 수 있어요.

분모와 분자에 각각 0이 아닌 같은 수를 곱하여 분수의 분모를 같게 하는 것을 통분한다고 해요.
이때 통분한 분모를 공통분모라 하고, 공통분모는 두 분모의 공배수예요.

$$\left(\frac{1}{4},\ \frac{5}{6}\right) \text{통분} \Rightarrow \begin{cases} \dfrac{1}{4}=\dfrac{2}{8}=\boxed{\dfrac{3}{12}}=\dfrac{4}{16}=\dfrac{5}{20}=\boxed{\dfrac{6}{24}}\cdots\cdots \\[2mm] \dfrac{5}{6}=\boxed{\dfrac{10}{12}}=\dfrac{15}{18}=\boxed{\dfrac{20}{24}}=\dfrac{25}{30}\cdots\cdots \end{cases} \Rightarrow \left(\dfrac{3}{12},\ \dfrac{10}{12}\right),\ \left(\dfrac{6}{24},\ \dfrac{20}{24}\right)\cdots\cdots$$

두 분모 4와 6의 공배수

통분하는 방법

공통분모는 두 분모의 공배수이므로 수없이 많이 있어요.
그중에서 두 분모의 곱을 공통분모로, 두 분모의 최소공배수를 공통분모로 하여 통분하는 방법을 알아볼 거예요.

방법 1 두 분모의 곱을 공통분모로 하여 통분해요.

$$\left(\frac{1}{4},\ \frac{5}{6}\right) \Rightarrow \left(\frac{1\times\boxed{6}}{4\times\boxed{6}},\ \frac{5\times\boxed{4}}{6\times\boxed{4}}\right) \Rightarrow \left(\frac{6}{24},\ \frac{20}{24}\right)$$

방법 2 두 분모의 최소공배수를 공통분모로 하여 통분해요.

$$\left(\frac{1}{4},\ \frac{5}{6}\right) \Rightarrow \left(\frac{1\times\boxed{3}}{4\times\boxed{3}},\ \frac{5\times\boxed{2}}{6\times\boxed{2}}\right) \Rightarrow \left(\frac{3}{12},\ \frac{10}{12}\right)$$

4와 6의 최소공배수는 12

A 분모의 곱으로 통분	**B** 분모의 최소공배수로 통분
$\left(\dfrac{1}{6},\ \dfrac{1}{9}\right) \rightarrow \left(\dfrac{9}{54},\ \dfrac{6}{54}\right)$	$\left(\dfrac{1}{6},\ \dfrac{1}{9}\right) \rightarrow \left(\dfrac{3}{18},\ \dfrac{2}{18}\right)$

★ 분모의 곱을 공통분모로 하여 통분하세요.

① $\left(\dfrac{1}{2}, \dfrac{2}{3}\right)$ ➡ $\left(\quad\dfrac{3}{6}\quad, \quad\dfrac{4}{6}\quad\right)$

⑧ $\left(1\dfrac{1}{4}, 1\dfrac{3}{5}\right)$ ➡ $(\qquad,\qquad)$

② $\left(\dfrac{2}{3}, \dfrac{3}{4}\right)$ ➡ $(\qquad,\qquad)$

⑨ $\left(1\dfrac{2}{5}, 2\dfrac{4}{7}\right)$ ➡ $(\qquad,\qquad)$

③ $\left(\dfrac{4}{5}, \dfrac{1}{6}\right)$ ➡ $(\qquad,\qquad)$

⑩ $\left(2\dfrac{5}{7}, 4\dfrac{3}{8}\right)$ ➡ $(\qquad,\qquad)$

④ $\left(\dfrac{5}{7}, \dfrac{9}{11}\right)$ ➡ $(\qquad,\qquad)$

⑪ $\left(5\dfrac{1}{3}, 2\dfrac{9}{14}\right)$ ➡ $(\qquad,\qquad)$

⑤ $\left(\dfrac{3}{8}, \dfrac{5}{6}\right)$ ➡ $(\qquad,\qquad)$

⑫ $\left(3\dfrac{2}{9}, 3\dfrac{3}{10}\right)$ ➡ $(\qquad,\qquad)$

⑥ $\left(\dfrac{7}{10}, \dfrac{5}{12}\right)$ ➡ $(\qquad,\qquad)$

⑬ $\left(2\dfrac{8}{13}, 1\dfrac{7}{15}\right)$ ➡ $(\qquad,\qquad)$

⑦ $\left(\dfrac{4}{15}, \dfrac{13}{20}\right)$ ➡ $(\qquad,\qquad)$

⑭ $\left(3\dfrac{3}{20}, 4\dfrac{14}{25}\right)$ ➡ $(\qquad,\qquad)$

★ 분모의 최소공배수를 공통분모로 하여 통분하세요.

① $\left(\dfrac{1}{2}, \dfrac{1}{8}\right)$ ➡ $\left(\dfrac{4}{8}, \dfrac{1}{8}\right)$

2와 8의 최소공배수는 8

⑧ $\left(1\dfrac{2}{3}, 2\dfrac{5}{6}\right)$ ➡ $(\qquad , \qquad)$

② $\left(\dfrac{3}{4}, \dfrac{5}{6}\right)$ ➡ $(\qquad , \qquad)$

⑨ $\left(2\dfrac{1}{4}, 4\dfrac{6}{7}\right)$ ➡ $(\qquad , \qquad)$

③ $\left(\dfrac{1}{6}, \dfrac{4}{9}\right)$ ➡ $(\qquad , \qquad)$

⑩ $\left(1\dfrac{3}{8}, 1\dfrac{3}{4}\right)$ ➡ $(\qquad , \qquad)$

④ $\left(\dfrac{5}{8}, \dfrac{7}{12}\right)$ ➡ $(\qquad , \qquad)$

⑪ $\left(3\dfrac{4}{5}, 6\dfrac{9}{10}\right)$ ➡ $(\qquad , \qquad)$

⑤ $\left(\dfrac{8}{9}, \dfrac{13}{18}\right)$ ➡ $(\qquad , \qquad)$

⑫ $\left(4\dfrac{1}{6}, 1\dfrac{14}{15}\right)$ ➡ $(\qquad , \qquad)$

⑥ $\left(\dfrac{1}{12}, \dfrac{4}{15}\right)$ ➡ $(\qquad , \qquad)$

⑬ $\left(3\dfrac{5}{12}, 4\dfrac{7}{18}\right)$ ➡ $(\qquad , \qquad)$

⑦ $\left(\dfrac{9}{20}, \dfrac{12}{25}\right)$ ➡ $(\qquad , \qquad)$

⑭ $\left(2\dfrac{9}{14}, 1\dfrac{11}{21}\right)$ ➡ $(\qquad , \qquad)$

★ 분모의 곱을 공통분모로 하여 통분하세요.

① $\left(\dfrac{1}{3}, \dfrac{2}{5}\right) \Rightarrow \left(\dfrac{5}{15}, \dfrac{6}{15}\right)$　　⑧ $\left(2\dfrac{1}{2}, 2\dfrac{7}{9}\right) \Rightarrow (\quad , \quad)$

② $\left(\dfrac{5}{6}, \dfrac{3}{7}\right) \Rightarrow (\quad , \quad)$　　⑨ $\left(3\dfrac{2}{3}, 1\dfrac{5}{8}\right) \Rightarrow (\quad , \quad)$

③ $\left(\dfrac{4}{5}, \dfrac{7}{12}\right) \Rightarrow (\quad , \quad)$　　⑩ $\left(4\dfrac{3}{4}, 5\dfrac{1}{10}\right) \Rightarrow (\quad , \quad)$

④ $\left(\dfrac{1}{6}, \dfrac{9}{14}\right) \Rightarrow (\quad , \quad)$　　⑪ $\left(8\dfrac{6}{7}, 2\dfrac{5}{12}\right) \Rightarrow (\quad , \quad)$

⑤ $\left(\dfrac{7}{8}, \dfrac{11}{13}\right) \Rightarrow (\quad , \quad)$　　⑫ $\left(5\dfrac{4}{9}, 6\dfrac{14}{15}\right) \Rightarrow (\quad , \quad)$

⑥ $\left(\dfrac{8}{15}, \dfrac{5}{16}\right) \Rightarrow (\quad , \quad)$　　⑬ $\left(2\dfrac{7}{10}, 7\dfrac{2}{11}\right) \Rightarrow (\quad , \quad)$

⑦ $\left(\dfrac{9}{20}, \dfrac{13}{30}\right) \Rightarrow (\quad , \quad)$　　⑭ $\left(1\dfrac{6}{25}, 9\dfrac{7}{8}\right) \Rightarrow (\quad , \quad)$

★ 분모의 최소공배수를 공통분모로 하여 통분하세요.

① $\left(\dfrac{2}{3}, \dfrac{1}{9}\right) \Rightarrow \left(\ \dfrac{6}{9}\ ,\ \dfrac{1}{9}\ \right)$

　　3과 9의 최소공배수는 9

⑧ $\left(2\dfrac{1}{6}, 3\dfrac{5}{8}\right) \Rightarrow (\qquad,\qquad)$

② $\left(\dfrac{1}{6}, \dfrac{1}{2}\right) \Rightarrow (\qquad,\qquad)$

⑨ $\left(1\dfrac{3}{8}, 5\dfrac{1}{2}\right) \Rightarrow (\qquad,\qquad)$

③ $\left(\dfrac{3}{4}, \dfrac{7}{18}\right) \Rightarrow (\qquad,\qquad)$

⑩ $\left(4\dfrac{2}{5}, 8\dfrac{4}{15}\right) \Rightarrow (\qquad,\qquad)$

④ $\left(\dfrac{7}{8}, \dfrac{9}{10}\right) \Rightarrow (\qquad,\qquad)$

⑪ $\left(3\dfrac{3}{7}, 7\dfrac{5}{14}\right) \Rightarrow (\qquad,\qquad)$

⑤ $\left(\dfrac{5}{6}, \dfrac{11}{12}\right) \Rightarrow (\qquad,\qquad)$

⑫ $\left(5\dfrac{4}{9}, 2\dfrac{13}{21}\right) \Rightarrow (\qquad,\qquad)$

⑥ $\left(\dfrac{3}{14}, \dfrac{5}{16}\right) \Rightarrow (\qquad,\qquad)$

⑬ $\left(6\dfrac{2}{15}, 9\dfrac{7}{18}\right) \Rightarrow (\qquad,\qquad)$

⑦ $\left(\dfrac{8}{15}, \dfrac{14}{25}\right) \Rightarrow (\qquad,\qquad)$

⑭ $\left(4\dfrac{9}{22}, 4\dfrac{10}{11}\right) \Rightarrow (\qquad,\qquad)$

★ 분모의 곱을 공통분모로 하여 통분하세요.

① $\left(\dfrac{1}{2}, \dfrac{2}{7}\right)$ ➡ $\left(\dfrac{7}{14}, \dfrac{4}{14}\right)$

⑧ $\left(3\dfrac{3}{5}, 5\dfrac{1}{8}\right)$ ➡ (　　,　　)

② $\left(\dfrac{3}{4}, \dfrac{8}{9}\right)$ ➡ (　　,　　)

⑨ $\left(1\dfrac{2}{9}, 1\dfrac{5}{7}\right)$ ➡ (　　,　　)

③ $\left(\dfrac{2}{3}, \dfrac{5}{13}\right)$ ➡ (　　,　　)

⑩ $\left(2\dfrac{1}{6}, 3\dfrac{5}{16}\right)$ ➡ (　　,　　)

④ $\left(\dfrac{1}{5}, \dfrac{8}{11}\right)$ ➡ (　　,　　)

⑪ $\left(4\dfrac{6}{7}, 2\dfrac{7}{15}\right)$ ➡ (　　,　　)

⑤ $\left(\dfrac{5}{6}, \dfrac{13}{21}\right)$ ➡ (　　,　　)

⑫ $\left(5\dfrac{5}{8}, 5\dfrac{19}{20}\right)$ ➡ (　　,　　)

⑥ $\left(\dfrac{9}{14}, \dfrac{2}{15}\right)$ ➡ (　　,　　)

⑬ $\left(2\dfrac{4}{5}, 1\dfrac{8}{17}\right)$ ➡ (　　,　　)

⑦ $\left(\dfrac{7}{16}, \dfrac{17}{20}\right)$ ➡ (　　,　　)

⑭ $\left(6\dfrac{1}{14}, 7\dfrac{13}{25}\right)$ ➡ (　　,　　)

★ 분모의 최소공배수를 공통분모로 하여 통분하세요.

① $\left(\dfrac{1}{4}, \dfrac{5}{8}\right)$ ➡ $\left(\dfrac{2}{8}, \dfrac{5}{8}\right)$

4와 8의 최소공배수는 8

⑧ $\left(4\dfrac{1}{2}, 2\dfrac{1}{4}\right)$ ➡ $(\quad , \quad)$

② $\left(\dfrac{2}{5}, \dfrac{2}{3}\right)$ ➡ $(\quad , \quad)$

⑨ $\left(2\dfrac{2}{9}, 3\dfrac{5}{6}\right)$ ➡ $(\quad , \quad)$

③ $\left(\dfrac{1}{2}, \dfrac{6}{11}\right)$ ➡ $(\quad , \quad)$

⑩ $\left(3\dfrac{3}{4}, 6\dfrac{9}{16}\right)$ ➡ $(\quad , \quad)$

④ $\left(\dfrac{3}{4}, \dfrac{5}{18}\right)$ ➡ $(\quad , \quad)$

⑪ $\left(5\dfrac{5}{9}, 7\dfrac{4}{15}\right)$ ➡ $(\quad , \quad)$

⑤ $\left(\dfrac{4}{5}, \dfrac{11}{20}\right)$ ➡ $(\quad , \quad)$

⑫ $\left(8\dfrac{7}{8}, 5\dfrac{15}{22}\right)$ ➡ $(\quad , \quad)$

⑥ $\left(\dfrac{9}{10}, \dfrac{5}{14}\right)$ ➡ $(\quad , \quad)$

⑬ $\left(2\dfrac{1}{12}, 2\dfrac{7}{16}\right)$ ➡ $(\quad , \quad)$

⑦ $\left(\dfrac{5}{12}, \dfrac{25}{32}\right)$ ➡ $(\quad , \quad)$

⑭ $\left(4\dfrac{7}{18}, 9\dfrac{23}{30}\right)$ ➡ $(\quad , \quad)$

★ 분모의 곱을 공통분모로 하여 통분하세요.

① $\left(\dfrac{2}{3}, \dfrac{1}{4}\right)$ ➡ $\left(\dfrac{8}{12}, \dfrac{3}{12}\right)$

⑧ $\left(2\dfrac{5}{7}, 1\dfrac{1}{3}\right)$ ➡ (,   )

② $\left(\dfrac{3}{5}, \dfrac{4}{9}\right)$ ➡ (,   )

⑨ $\left(3\dfrac{7}{8}, 4\dfrac{8}{9}\right)$ ➡ (,   )

③ $\left(\dfrac{3}{4}, \dfrac{6}{17}\right)$ ➡ (,   )

⑩ $\left(1\dfrac{2}{5}, 1\dfrac{4}{13}\right)$ ➡ (,   )

④ $\left(\dfrac{4}{5}, \dfrac{11}{14}\right)$ ➡ (,   )

⑪ $\left(5\dfrac{5}{8}, 6\dfrac{14}{15}\right)$ ➡ (,   )

⑤ $\left(\dfrac{3}{7}, \dfrac{16}{21}\right)$ ➡ (,   )

⑫ $\left(6\dfrac{3}{4}, 9\dfrac{15}{23}\right)$ ➡ (,   )

⑥ $\left(\dfrac{7}{10}, \dfrac{5}{18}\right)$ ➡ (,   )

⑬ $\left(2\dfrac{6}{11}, 7\dfrac{7}{12}\right)$ ➡ (,   )

⑦ $\left(\dfrac{5}{12}, \dfrac{13}{30}\right)$ ➡ (,   )

⑭ $\left(4\dfrac{9}{19}, 5\dfrac{11}{20}\right)$ ➡ (,   )

★ 분모의 최소공배수를 공통분모로 하여 통분하세요.

① $(\dfrac{2}{3}, \dfrac{6}{7})$ ➡ ($\dfrac{14}{21}$, $\dfrac{18}{21}$)

3과 7의 최소공배수는 21

② $(\dfrac{5}{9}, \dfrac{1}{3})$ ➡ (,   )

③ $(\dfrac{3}{4}, \dfrac{1}{10})$ ➡ (,   )

④ $(\dfrac{5}{6}, \dfrac{17}{18})$ ➡ (,   )

⑤ $(\dfrac{3}{8}, \dfrac{19}{28})$ ➡ (,   )

⑥ $(\dfrac{5}{11}, \dfrac{4}{15})$ ➡ (,   )

⑦ $(\dfrac{1}{18}, \dfrac{17}{42})$ ➡ (,   )

⑧ $(4\dfrac{5}{6}, 5\dfrac{1}{3})$ ➡ (,   )

⑨ $(5\dfrac{2}{7}, 7\dfrac{5}{6})$ ➡ (,   )

⑩ $(7\dfrac{1}{2}, 2\dfrac{7}{16})$ ➡ (,   )

⑪ $(6\dfrac{7}{8}, 8\dfrac{13}{14})$ ➡ (,   )

⑫ $(1\dfrac{2}{9}, 3\dfrac{20}{21})$ ➡ (,   )

⑬ $(3\dfrac{1}{12}, 4\dfrac{1}{24})$ ➡ (,   )

⑭ $(2\dfrac{9}{16}, 5\dfrac{23}{36})$ ➡ (,   )

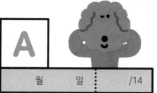
★ 분모의 곱을 공통분모로 하여 통분하세요.

① $\left(\dfrac{3}{5}, \dfrac{1}{2}\right)$ ➡ $\left(\dfrac{6}{10}, \dfrac{5}{10}\right)$

⑧ $\left(6\dfrac{2}{5}, 7\dfrac{6}{7}\right)$ ➡ (,)

② $\left(\dfrac{4}{7}, \dfrac{7}{9}\right)$ ➡ (,)

⑨ $\left(1\dfrac{5}{8}, 3\dfrac{1}{6}\right)$ ➡ (,)

③ $\left(\dfrac{1}{2}, \dfrac{2}{15}\right)$ ➡ (,)

⑩ $\left(2\dfrac{2}{3}, 1\dfrac{5}{11}\right)$ ➡ (,)

④ $\left(\dfrac{4}{5}, \dfrac{15}{16}\right)$ ➡ (,)

⑪ $\left(6\dfrac{3}{7}, 4\dfrac{11}{16}\right)$ ➡ (,)

⑤ $\left(\dfrac{5}{6}, \dfrac{23}{24}\right)$ ➡ (,)

⑫ $\left(3\dfrac{4}{9}, 8\dfrac{21}{22}\right)$ ➡ (,)

⑥ $\left(\dfrac{8}{13}, \dfrac{7}{16}\right)$ ➡ (,)

⑬ $\left(4\dfrac{3}{4}, 2\dfrac{7}{33}\right)$ ➡ (,)

⑦ $\left(\dfrac{3}{20}, \dfrac{31}{40}\right)$ ➡ (,)

⑭ $\left(1\dfrac{5}{12}, 2\dfrac{13}{25}\right)$ ➡ (,)

5 Day 통분

B

월   일   /14

★ 분모의 최소공배수를 공통분모로 하여 통분하세요.

① $\left(\dfrac{1}{6}, \dfrac{3}{4}\right)$ ➡ $\left(\dfrac{2}{12}, \dfrac{9}{12}\right)$

6과 4의 최소공배수는 12

② $\left(\dfrac{7}{8}, \dfrac{6}{7}\right)$ ➡ $\left(, \right)$

③ $\left(\dfrac{1}{2}, \dfrac{7}{12}\right)$ ➡ $\left(, \right)$

④ $\left(\dfrac{5}{6}, \dfrac{13}{14}\right)$ ➡ $\left(, \right)$

⑤ $\left(\dfrac{8}{9}, \dfrac{16}{27}\right)$ ➡ $\left(, \right)$

⑥ $\left(\dfrac{9}{14}, \dfrac{5}{18}\right)$ ➡ $\left(, \right)$

⑦ $\left(\dfrac{8}{25}, \dfrac{27}{50}\right)$ ➡ $\left(, \right)$

⑧ $\left(9\dfrac{1}{2}, 3\dfrac{5}{6}\right)$ ➡ $\left(, \right)$

⑨ $\left(4\dfrac{3}{8}, 6\dfrac{2}{3}\right)$ ➡ $\left(, \right)$

⑩ $\left(5\dfrac{1}{3}, 7\dfrac{8}{15}\right)$ ➡ $\left(, \right)$

⑪ $\left(6\dfrac{5}{8}, 8\dfrac{17}{18}\right)$ ➡ $\left(, \right)$

⑫ $\left(2\dfrac{5}{6}, 3\dfrac{16}{39}\right)$ ➡ $\left(, \right)$

⑬ $\left(3\dfrac{7}{18}, 1\dfrac{4}{27}\right)$ ➡ $\left(, \right)$

⑭ $\left(7\dfrac{5}{24}, 4\dfrac{19}{32}\right)$ ➡ $\left(, \right)$

86 단계

분모가 다른 진분수의 덧셈과 뺄셈

▶ **학습계획** : 매일 공부할 날짜를 정하고, 계획에 맞게 공부하세요.

일차	1일차	2일차	3일차	4일차	5일차
날짜	/	/	/	/	/

▶ **학습연계** : 지금 무엇을 배우는지 확인하고, 이전에 배운 단계와 앞으로 배울 단계를 살펴보세요.

86 분모가 다른 진분수의 덧셈과 뺄셈

두 분수의 분모가 다르면 통분하여 계산해요.

두 분수를 더하거나 뺄 때에는 가장 먼저 분모가 같은지 다른지 확인합니다.

분모가 서로 다르면 통분하여 분모를 같게 만든 후 계산해요.

분모가 다른 진분수의 덧셈 통분한 다음 분모는 그대로 두고 분자끼리 더해요.

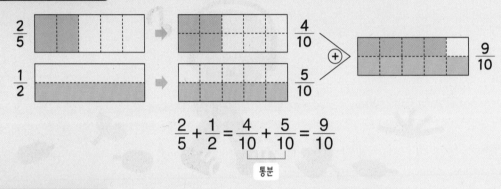

$$\frac{2}{5} + \frac{1}{2} = \frac{4}{10} + \frac{5}{10} = \frac{9}{10}$$

통분

분모가 다른 진분수의 뺄셈 통분한 다음 분모는 그대로 두고 분자끼리 빼요.

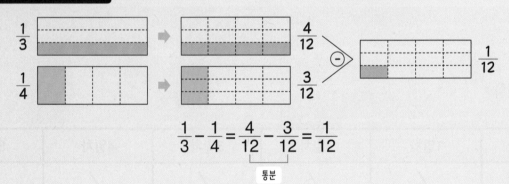

$$\frac{1}{3} - \frac{1}{4} = \frac{4}{12} - \frac{3}{12} = \frac{1}{12}$$

통분

A

덧셈

$$\frac{2}{3} + \frac{5}{6} = \frac{4}{6} + \frac{5}{6}$$

통분

$$= \frac{9}{6} = \frac{3}{2} = 1\frac{1}{2}$$

기약분수로   대분수로

B

뺄셈

$$\frac{2}{3} - \frac{1}{6} = \frac{4}{6} - \frac{1}{6}$$

통분

$$= \frac{3}{6} = \frac{1}{2}$$

기약분수로

① $\dfrac{1}{\boxed{2}} + \dfrac{2}{\boxed{3}} = \dfrac{3}{6} + \dfrac{4}{6} = \dfrac{7}{6} = 1\dfrac{1}{6}$

두 수의 공약수가 1뿐일 때에는
두 수의 곱을 공통분모로 해요.

가분수는
대분수로 고쳐요.

② $\dfrac{2}{3} + \dfrac{3}{10} =$

③ $\dfrac{4}{5} + \dfrac{11}{12} =$

④ $\dfrac{8}{15} + \dfrac{3}{10} =$

⑤ $\dfrac{5}{11} + \dfrac{5}{6} =$

⑥ $\dfrac{7}{20} + \dfrac{14}{15} =$

⑦ $\dfrac{12}{25} + \dfrac{3}{50} =$

⑧ $\dfrac{1}{4} + \dfrac{1}{6} =$

⑨ $\dfrac{3}{8} + \dfrac{5}{12} =$

⑩ $\dfrac{2}{9} + \dfrac{17}{18} =$

⑪ $\dfrac{9}{10} + \dfrac{4}{5} =$

⑫ $\dfrac{7}{12} + \dfrac{8}{15} =$

⑬ $\dfrac{5}{16} + \dfrac{13}{18} =$

⑭ $\dfrac{10}{21} + \dfrac{9}{14} =$

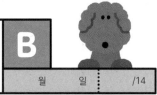
① $\dfrac{1}{6} - \dfrac{1}{9} = \dfrac{3}{18} - \dfrac{2}{18} = \dfrac{1}{18}$

두 수의 최소공배수를
공통분모로 해요.

② $\dfrac{1}{2} - \dfrac{4}{11} =$

③ $\dfrac{3}{4} - \dfrac{11}{15} =$

④ $\dfrac{9}{10} - \dfrac{8}{9} =$

⑤ $\dfrac{6}{13} - \dfrac{1}{4} =$

⑥ $\dfrac{7}{12} - \dfrac{1}{8} =$

⑦ $\dfrac{13}{14} - \dfrac{4}{21} =$

⑧ $\dfrac{1}{3} - \dfrac{1}{4} =$

⑨ $\dfrac{5}{6} - \dfrac{5}{12} =$

⑩ $\dfrac{7}{8} - \dfrac{11}{14} =$

⑪ $\dfrac{7}{12} - \dfrac{1}{2} =$

⑫ $\dfrac{3}{10} - \dfrac{1}{12} =$

⑬ $\dfrac{8}{15} - \dfrac{5}{18} =$

⑭ $\dfrac{15}{16} - \dfrac{3}{32} =$

① $\dfrac{2}{3} + \dfrac{1}{4} = \dfrac{8}{12} + \dfrac{3}{12} = \dfrac{11}{12}$

두 수의 공약수가 1뿐일 때에는
두 수의 곱을 공통분모로 해요.

② $\dfrac{1}{2} + \dfrac{8}{17} =$

③ $\dfrac{3}{4} + \dfrac{10}{11} =$

④ $\dfrac{4}{9} + \dfrac{5}{8} =$

⑤ $\dfrac{9}{10} + \dfrac{2}{13} =$

⑥ $\dfrac{7}{15} + \dfrac{15}{16} =$

⑦ $\dfrac{5}{6} + \dfrac{3}{20} =$

⑧ $\dfrac{1}{6} + \dfrac{4}{9} =$

⑨ $\dfrac{3}{4} + \dfrac{5}{18} =$

⑩ $\dfrac{5}{6} + \dfrac{11}{12} =$

⑪ $\dfrac{3}{10} + \dfrac{7}{8} =$

⑫ $\dfrac{5}{12} + \dfrac{9}{16} =$

⑬ $\dfrac{4}{15} + \dfrac{13}{18} =$

⑭ $\dfrac{20}{21} + \dfrac{1}{28} =$

① $\dfrac{5}{8} - \dfrac{1}{2} = \dfrac{5}{8} - \dfrac{4}{8} = \dfrac{1}{8}$

두 수의 최소공배수를
공통분모로 해요.

② $\dfrac{1}{6} - \dfrac{1}{7} =$

③ $\dfrac{5}{9} - \dfrac{2}{11} =$

④ $\dfrac{13}{15} - \dfrac{3}{4} =$

⑤ $\dfrac{6}{11} - \dfrac{5}{12} =$

⑥ $\dfrac{14}{15} - \dfrac{2}{5} =$

⑦ $\dfrac{24}{35} - \dfrac{9}{14} =$

⑧ $\dfrac{3}{4} - \dfrac{1}{5} =$

⑨ $\dfrac{7}{8} - \dfrac{5}{12} =$

⑩ $\dfrac{8}{9} - \dfrac{11}{18} =$

⑪ $\dfrac{5}{14} - \dfrac{1}{4} =$

⑫ $\dfrac{7}{12} - \dfrac{8}{15} =$

⑬ $\dfrac{15}{16} - \dfrac{11}{12} =$

⑭ $\dfrac{13}{18} - \dfrac{7}{24} =$

① $\dfrac{2}{3} + \dfrac{4}{5} = \dfrac{10}{15} + \dfrac{12}{15} = \dfrac{22}{15} = 1\dfrac{7}{15}$

두 수의 공약수가 1뿐일 때에는
두 수의 곱을 공통분모로 해요.

가분수는
대분수로 고쳐요.

② $\dfrac{3}{5} + \dfrac{7}{11} =$

③ $\dfrac{1}{7} + \dfrac{3}{5} =$

④ $\dfrac{5}{14} + \dfrac{2}{3} =$

⑤ $\dfrac{8}{13} + \dfrac{11}{26} =$

⑥ $\dfrac{2}{15} + \dfrac{44}{45} =$

⑦ $\dfrac{19}{20} + \dfrac{6}{25} =$

⑧ $\dfrac{1}{2} + \dfrac{7}{8} =$

⑨ $\dfrac{5}{6} + \dfrac{3}{16} =$

⑩ $\dfrac{3}{8} + \dfrac{11}{20} =$

⑪ $\dfrac{4}{15} + \dfrac{8}{9} =$

⑫ $\dfrac{9}{10} + \dfrac{3}{14} =$

⑬ $\dfrac{5}{12} + \dfrac{15}{16} =$

⑭ $\dfrac{21}{32} + \dfrac{7}{24} =$

분모가 다른 진분수의 덧셈과 뺄셈

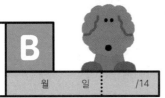

① $\dfrac{5}{6} - \dfrac{2}{9} = \dfrac{15}{18} - \dfrac{4}{18} = \dfrac{11}{18}$

두 수의 최소공배수를
공통분모로 해요.

⑧ $\dfrac{1}{2} - \dfrac{2}{7} =$

② $\dfrac{2}{3} - \dfrac{3}{10} =$

⑨ $\dfrac{1}{4} - \dfrac{1}{10} =$

③ $\dfrac{4}{5} - \dfrac{11}{16} =$

⑩ $\dfrac{7}{8} - \dfrac{13}{18} =$

④ $\dfrac{8}{13} - \dfrac{1}{3} =$

⑪ $\dfrac{4}{15} - \dfrac{1}{6} =$

⑤ $\dfrac{7}{12} - \dfrac{4}{15} =$

⑫ $\dfrac{5}{12} - \dfrac{3}{14} =$

⑥ $\dfrac{17}{18} - \dfrac{5}{9} =$

⑬ $\dfrac{13}{15} - \dfrac{17}{20} =$

⑦ $\dfrac{7}{22} - \dfrac{1}{10} =$

⑭ $\dfrac{20}{27} - \dfrac{5}{18} =$

① $\dfrac{5}{6} + \dfrac{3}{7} = \dfrac{35}{42} + \dfrac{18}{42} = \dfrac{53}{42} = 1\dfrac{11}{42}$

두 수의 공약수가 1뿐일 때에는
두 수의 곱을 공통분모로 해요.

가분수는
대분수로 고쳐요.

② $\dfrac{1}{3} + \dfrac{5}{13} =$

③ $\dfrac{2}{5} + \dfrac{7}{10} =$

④ $\dfrac{8}{15} + \dfrac{5}{9} =$

⑤ $\dfrac{7}{12} + \dfrac{4}{5} =$

⑥ $\dfrac{3}{14} + \dfrac{16}{21} =$

⑦ $\dfrac{13}{20} + \dfrac{7}{8} =$

⑧ $\dfrac{2}{3} + \dfrac{5}{9} =$

⑨ $\dfrac{3}{8} + \dfrac{3}{14} =$

⑩ $\dfrac{2}{9} + \dfrac{13}{21} =$

⑪ $\dfrac{9}{16} + \dfrac{1}{2} =$

⑫ $\dfrac{7}{10} + \dfrac{5}{18} =$

⑬ $\dfrac{5}{12} + \dfrac{11}{24} =$

⑭ $\dfrac{14}{15} + \dfrac{9}{20} =$

① $\dfrac{1}{\boxed{4}} - \dfrac{1}{\boxed{6}} = \dfrac{3}{12} - \dfrac{2}{12} = \dfrac{1}{12}$

두 수의 최소공배수를
공통분모로 해요.

⑧ $\dfrac{4}{5} - \dfrac{3}{8} =$

② $\dfrac{5}{7} - \dfrac{7}{15} =$

⑨ $\dfrac{2}{5} - \dfrac{4}{15} =$

③ $\dfrac{8}{9} - \dfrac{11}{14} =$

⑩ $\dfrac{7}{8} - \dfrac{13}{16} =$

④ $\dfrac{10}{11} - \dfrac{5}{8} =$

⑪ $\dfrac{7}{12} - \dfrac{4}{9} =$

⑤ $\dfrac{11}{12} - \dfrac{9}{16} =$

⑫ $\dfrac{5}{14} - \dfrac{3}{16} =$

⑥ $\dfrac{13}{20} - \dfrac{4}{25} =$

⑬ $\dfrac{10}{11} - \dfrac{15}{22} =$

⑦ $\dfrac{17}{40} - \dfrac{8}{35} =$

⑭ $\dfrac{13}{30} - \dfrac{7}{18} =$

① $\dfrac{2}{5} + \dfrac{3}{4} = \dfrac{8}{20} + \dfrac{15}{20} = \dfrac{23}{20} = 1\dfrac{3}{20}$

두 수의 공약수가 1뿐일 때에는
두 수의 곱을 공통분모로 해요.

가분수는
대분수로 고쳐요.

② $\dfrac{1}{4} + \dfrac{1}{15} =$

③ $\dfrac{5}{8} + \dfrac{7}{9} =$

④ $\dfrac{7}{16} + \dfrac{2}{3} =$

⑤ $\dfrac{11}{20} + \dfrac{5}{12} =$

⑥ $\dfrac{9}{13} + \dfrac{15}{26} =$

⑦ $\dfrac{17}{18} + \dfrac{4}{45} =$

⑧ $\dfrac{1}{4} + \dfrac{5}{8} =$

⑨ $\dfrac{1}{6} + \dfrac{9}{14} =$

⑩ $\dfrac{7}{8} + \dfrac{17}{18} =$

⑪ $\dfrac{8}{15} + \dfrac{2}{3} =$

⑫ $\dfrac{5}{14} + \dfrac{5}{18} =$

⑬ $\dfrac{7}{16} + \dfrac{23}{24} =$

⑭ $\dfrac{14}{25} + \dfrac{7}{30} =$

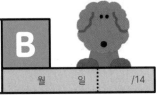
① $\dfrac{2}{3} - \dfrac{2}{9} = \dfrac{6}{9} - \dfrac{2}{9} = \dfrac{4}{9}$

두 수의 최소공배수를
공통분모로 해요.

② $\dfrac{3}{5} - \dfrac{5}{12} =$

③ $\dfrac{5}{9} - \dfrac{11}{20} =$

④ $\dfrac{7}{15} - \dfrac{3}{8} =$

⑤ $\dfrac{2}{11} - \dfrac{1}{9} =$

⑥ $\dfrac{13}{20} - \dfrac{8}{15} =$

⑦ $\dfrac{22}{45} - \dfrac{11}{27} =$

⑧ $\dfrac{6}{7} - \dfrac{5}{6} =$

⑨ $\dfrac{5}{6} - \dfrac{9}{14} =$

⑩ $\dfrac{6}{7} - \dfrac{16}{21} =$

⑪ $\dfrac{2}{15} - \dfrac{1}{9} =$

⑫ $\dfrac{9}{16} - \dfrac{1}{8} =$

⑬ $\dfrac{17}{21} - \dfrac{11}{14} =$

⑭ $\dfrac{15}{26} - \dfrac{20}{39} =$

87
단계

분모가 다른 대분수의 덧셈과 뺄셈 ①

▶ 학습계획 : 매일 공부할 날짜를 정하고, 계획에 맞게 공부하세요.

일차	1일차	2일차	3일차	4일차	5일차
날짜	/	/	/	/	/

▶ 학습연계 : 지금 무엇을 배우는지 확인하고, 이전에 배운 단계와 앞으로 배울 단계를 살펴보세요.

87 분모가 다른 대분수의 덧셈과 뺄셈 ❶

통분부터 먼저 하고 자연수는 자연수끼리, 분수는 분수끼리 계산해요.

대분수를 더하거나 뺄 때에도 진분수와 마찬가지로 가장 먼저 분모가 같은지 다른지 확인해요.
분모가 서로 다르면 통분한 후 자연수는 자연수끼리, 분수는 분수끼리 계산합니다.

분모가 다른 대분수의 덧셈 통분한 다음 자연수끼리 더하고, 분수끼리 더해요.

$$1\frac{3}{5}+2\frac{1}{3}=1\frac{9}{15}+2\frac{5}{15}=(1+2)+\left(\frac{9}{15}+\frac{5}{15}\right)=3+\frac{14}{15}=3\frac{14}{15}$$

통분   자연수끼리!   분수끼리!

분모가 다른 대분수의 뺄셈 통분한 다음 자연수끼리 빼고, 분수끼리 빼요.

$$3\frac{7}{8}-2\frac{5}{6}=3\frac{21}{24}-2\frac{20}{24}=(3-2)+\left(\frac{21}{24}-\frac{20}{24}\right)=1+\frac{1}{24}=1\frac{1}{24}$$

통분   자연수끼리!   분수끼리!

참고 대분수를 가분수로 고쳐서 계산해도 돼요. 하지만 분모와 분자의 수가 클 때에는 가분수로 고쳐서 계산하면 수가 너무 커질 수 있으므로 경우에 따라 편한 방법을 선택해요.

$$1\frac{3}{5}+2\frac{1}{3}=\frac{8}{5}+\frac{7}{3}=\frac{24}{15}+\frac{35}{15}$$

대분수를 가분수로!

$$=\frac{59}{15}=3\frac{14}{15}$$

A

덧셈 ➡ $2\frac{3}{4}+1\frac{1}{6}=2\frac{9}{12}+1\frac{2}{12}$

통분

$$=3\frac{11}{12}$$

B

뺄셈 ➡ $4\frac{6}{7}-3\frac{2}{3}=4\frac{18}{21}-3\frac{14}{21}$

통분

$$=1\frac{4}{21}$$

① $1\dfrac{1}{2}+2\dfrac{1}{5}=(1+2)+\left(\dfrac{5}{10}+\dfrac{2}{10}\right)$

        통분

                      $=3+\dfrac{7}{10}=3\dfrac{7}{10}$

② $3\dfrac{3}{4}+5\dfrac{1}{12}=$

③ $2\dfrac{3}{8}+3\dfrac{11}{20}=$

④ $3\dfrac{2}{15}+1\dfrac{4}{9}=$

⑤ $5\dfrac{4}{15}+3\dfrac{7}{20}=$

⑥ $2\dfrac{3}{11}+4\dfrac{13}{22}=$

⑦ $1\dfrac{4}{7}+6\dfrac{9}{28}=$

⑧ $2\dfrac{2}{3}+3\dfrac{1}{5}=$

⑨ $1\dfrac{3}{4}+4\dfrac{1}{6}=$

⑩ $2\dfrac{1}{3}+1\dfrac{5}{8}=$

⑪ $5\dfrac{1}{6}+3\dfrac{3}{10}=$

⑫ $4\dfrac{1}{14}+2\dfrac{1}{6}=$

⑬ $3\dfrac{2}{9}+3\dfrac{1}{3}=$

⑭ $5\dfrac{3}{14}+4\dfrac{5}{8}=$

① $3\dfrac{2}{3} - 2\dfrac{1}{2} =$

통분

② $5\dfrac{8}{9} - 1\dfrac{7}{15} =$

③ $6\dfrac{4}{5} - 3\dfrac{1}{6} =$

④ $4\dfrac{7}{11} - 2\dfrac{3}{7} =$

⑤ $8\dfrac{5}{12} - 6\dfrac{5}{14} =$

⑥ $7\dfrac{8}{15} - 4\dfrac{14}{27} =$

⑦ $9\dfrac{29}{30} - 3\dfrac{9}{10} =$

⑧ $3\dfrac{4}{5} - 2\dfrac{1}{3} =$

⑨ $4\dfrac{5}{6} - 1\dfrac{3}{4} =$

⑩ $2\dfrac{7}{8} - 1\dfrac{7}{20} =$

⑪ $6\dfrac{3}{10} - 3\dfrac{1}{5} =$

⑫ $7\dfrac{7}{16} - 2\dfrac{3}{10} =$

⑬ $5\dfrac{3}{5} - 4\dfrac{2}{9} =$

⑭ $9\dfrac{7}{24} - 5\dfrac{3}{20} =$

① $1\dfrac{2}{3}+2\dfrac{1}{8}=(1+2)+\left(\dfrac{16}{24}+\dfrac{3}{24}\right)$

　　통분

$\qquad\qquad\quad=3+\dfrac{19}{24}=3\dfrac{19}{24}$

② $2\dfrac{1}{6}+4\dfrac{7}{10}=$

③ $7\dfrac{1}{8}+2\dfrac{13}{16}=$

④ $6\dfrac{5}{18}+1\dfrac{1}{6}=$

⑤ $4\dfrac{7}{12}+5\dfrac{2}{15}=$

⑥ $3\dfrac{9}{14}+2\dfrac{12}{35}=$

⑦ $4\dfrac{15}{28}+4\dfrac{1}{12}=$

⑧ $3\dfrac{2}{7}+2\dfrac{1}{2}=$

⑨ $4\dfrac{1}{6}+2\dfrac{3}{8}=$

⑩ $2\dfrac{4}{9}+3\dfrac{5}{12}=$

⑪ $5\dfrac{5}{6}+4\dfrac{1}{14}=$

⑫ $4\dfrac{3}{8}+6\dfrac{5}{12}=$

⑬ $3\dfrac{3}{10}+3\dfrac{5}{16}=$

⑭ $5\dfrac{1}{3}+4\dfrac{5}{16}=$

① $1\dfrac{3}{4} - 1\dfrac{1}{3} =$

　　　통분

② $4\dfrac{5}{6} - 2\dfrac{9}{14} =$

③ $6\dfrac{7}{8} - 5\dfrac{11}{16} =$

④ $9\dfrac{7}{24} - 2\dfrac{1}{8} =$

⑤ $2\dfrac{5}{14} - 1\dfrac{3}{16} =$

⑥ $8\dfrac{8}{15} - 3\dfrac{13}{25} =$

⑦ $3\dfrac{17}{18} - 2\dfrac{8}{27} =$

⑧ $3\dfrac{5}{8} - 1\dfrac{1}{4} =$

⑨ $3\dfrac{4}{9} - 3\dfrac{1}{6} =$

⑩ $7\dfrac{7}{12} - 2\dfrac{3}{8} =$

⑪ $6\dfrac{5}{6} - 4\dfrac{4}{21} =$

⑫ $5\dfrac{8}{15} - 3\dfrac{2}{9} =$

⑬ $8\dfrac{8}{9} - 5\dfrac{4}{21} =$

⑭ $5\dfrac{15}{28} - 1\dfrac{5}{12} =$

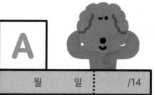
① $2\dfrac{1}{\boxed{4}} + 3\dfrac{4}{\boxed{7}} = (2 + 3) + (\dfrac{7}{28} + \dfrac{16}{28})$

통분

$= 5 + \dfrac{23}{28} = 5\dfrac{23}{28}$

② $7\dfrac{1}{2} + 2\dfrac{5}{11} =$

③ $4\dfrac{2}{7} + 1\dfrac{13}{28} =$

④ $3\dfrac{1}{10} + 3\dfrac{5}{8} =$

⑤ $1\dfrac{4}{15} + 3\dfrac{7}{18} =$

⑥ $4\dfrac{1}{12} + 5\dfrac{13}{20} =$

⑦ $3\dfrac{23}{42} + 4\dfrac{5}{14} =$

⑧ $4\dfrac{1}{3} + 2\dfrac{2}{9} =$

⑨ $2\dfrac{3}{8} + 3\dfrac{1}{7} =$

⑩ $1\dfrac{4}{9} + 4\dfrac{5}{24} =$

⑪ $3\dfrac{3}{10} + 3\dfrac{5}{18} =$

⑫ $6\dfrac{5}{18} + 4\dfrac{7}{30} =$

⑬ $5\dfrac{3}{14} + 2\dfrac{4}{35} =$

⑭ $6\dfrac{7}{16} + 2\dfrac{3}{20} =$

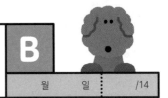
① $5\dfrac{5}{7} - 3\dfrac{2}{5} =$
통분

② $4\dfrac{1}{6} - 1\dfrac{1}{12} =$

③ $7\dfrac{4}{5} - 5\dfrac{10}{13} =$

④ $8\dfrac{5}{12} - 4\dfrac{2}{9} =$

⑤ $9\dfrac{9}{10} - 7\dfrac{8}{15} =$

⑥ $3\dfrac{8}{13} - 2\dfrac{15}{26} =$

⑦ $6\dfrac{13}{18} - 1\dfrac{4}{45} =$

⑧ $4\dfrac{7}{8} - 3\dfrac{2}{3} =$

⑨ $5\dfrac{1}{6} - 2\dfrac{1}{8} =$

⑩ $3\dfrac{5}{9} - 1\dfrac{5}{12} =$

⑪ $6\dfrac{8}{15} - 4\dfrac{2}{5} =$

⑫ $8\dfrac{3}{4} - 5\dfrac{5}{18} =$

⑬ $4\dfrac{9}{16} - 2\dfrac{1}{4} =$

⑭ $7\dfrac{13}{28} - 3\dfrac{9}{35} =$

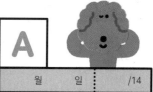
① $3\dfrac{1}{\boxed{4}} + 4\dfrac{2}{\boxed{3}} = (3+4) + \left(\dfrac{3}{12} + \dfrac{8}{12}\right)$

통분

$= 7 + \dfrac{11}{12} = 7\dfrac{11}{12}$

② $2\dfrac{1}{2} + 3\dfrac{3}{14} =$

③ $8\dfrac{3}{8} + 1\dfrac{15}{28} =$

④ $1\dfrac{5}{18} + 3\dfrac{1}{4} =$

⑤ $2\dfrac{3}{10} + 7\dfrac{9}{14} =$

⑥ $4\dfrac{5}{12} + 2\dfrac{15}{32} =$

⑦ $2\dfrac{21}{40} + 6\dfrac{7}{20} =$

⑧ $2\dfrac{2}{7} + 3\dfrac{1}{3} =$

⑨ $4\dfrac{2}{5} + 2\dfrac{1}{6} =$

⑩ $4\dfrac{4}{9} + 4\dfrac{2}{27} =$

⑪ $6\dfrac{2}{15} + 3\dfrac{5}{6} =$

⑫ $7\dfrac{1}{12} + 5\dfrac{7}{30} =$

⑬ $3\dfrac{4}{15} + 4\dfrac{8}{25} =$

⑭ $3\dfrac{5}{18} + 4\dfrac{5}{42} =$

① $7\dfrac{7}{9}-1\dfrac{3}{4}=$

통분

② $4\dfrac{5}{6}-3\dfrac{1}{18}=$

③ $6\dfrac{1}{2}-4\dfrac{11}{24}=$

④ $8\dfrac{9}{13}-7\dfrac{5}{8}=$

⑤ $3\dfrac{7}{12}-1\dfrac{7}{16}=$

⑥ $7\dfrac{5}{14}-2\dfrac{12}{35}=$

⑦ $9\dfrac{13}{24}-5\dfrac{7}{48}=$

⑧ $6\dfrac{4}{9}-4\dfrac{2}{5}=$

⑨ $6\dfrac{6}{7}-3\dfrac{2}{3}=$

⑩ $5\dfrac{5}{8}-2\dfrac{1}{6}=$

⑪ $7\dfrac{11}{12}-5\dfrac{7}{9}=$

⑫ $4\dfrac{13}{15}-2\dfrac{7}{18}=$

⑬ $8\dfrac{9}{20}-6\dfrac{7}{30}=$

⑭ $9\dfrac{17}{32}-7\dfrac{5}{12}=$

① $4\dfrac{4}{7}+2\dfrac{1}{8}=(4+2)+\left(\dfrac{32}{56}+\dfrac{7}{56}\right)$

$\qquad\qquad\qquad =6+\dfrac{39}{56}=6\dfrac{39}{56}$

② $1\dfrac{3}{4}+4\dfrac{4}{17}=$

③ $2\dfrac{5}{8}+3\dfrac{11}{32}=$

④ $5\dfrac{7}{24}+2\dfrac{5}{9}=$

⑤ $4\dfrac{8}{15}+5\dfrac{2}{25}=$

⑥ $3\dfrac{1}{12}+6\dfrac{17}{30}=$

⑦ $2\dfrac{13}{24}+1\dfrac{5}{28}=$

⑧ $2\dfrac{1}{4}+2\dfrac{2}{9}=$

⑨ $3\dfrac{4}{15}+1\dfrac{2}{5}=$

⑩ $1\dfrac{1}{3}+2\dfrac{7}{12}=$

⑪ $3\dfrac{5}{9}+3\dfrac{4}{21}=$

⑫ $6\dfrac{3}{10}+5\dfrac{7}{25}=$

⑬ $3\dfrac{3}{14}+4\dfrac{6}{35}=$

⑭ $5\dfrac{11}{56}+2\dfrac{5}{24}=$

① $7\dfrac{1}{2}-3\dfrac{2}{5}=$

통분

⑧ $4\dfrac{5}{6}-3\dfrac{1}{4}=$

② $9\dfrac{2}{3}-4\dfrac{3}{10}=$

⑨ $6\dfrac{5}{7}-2\dfrac{3}{14}=$

③ $3\dfrac{5}{6}-2\dfrac{16}{45}=$

⑩ $5\dfrac{9}{16}-4\dfrac{3}{10}=$

④ $5\dfrac{9}{20}-2\dfrac{2}{5}=$

⑪ $7\dfrac{9}{16}-3\dfrac{5}{24}=$

⑤ $6\dfrac{7}{18}-1\dfrac{5}{24}=$

⑫ $9\dfrac{13}{28}-6\dfrac{5}{12}=$

⑥ $8\dfrac{9}{16}-5\dfrac{21}{40}=$

⑬ $3\dfrac{11}{15}-2\dfrac{1}{6}=$

⑦ $4\dfrac{15}{28}-1\dfrac{7}{36}=$

⑭ $8\dfrac{23}{48}-4\dfrac{11}{30}=$

88 단계

분모가 다른 대분수의 덧셈과 뺄셈 ②

▶ 학습계획 : 매일 공부할 날짜를 정하고, 계획에 맞게 공부하세요.

일차	1일차	2일차	3일차	4일차	5일차
날짜	/	/	/	/	/

▶ 학습연계 : 지금 무엇을 배우는지 확인하고, 이전에 배운 단계와 앞으로 배울 단계를 살펴보세요.

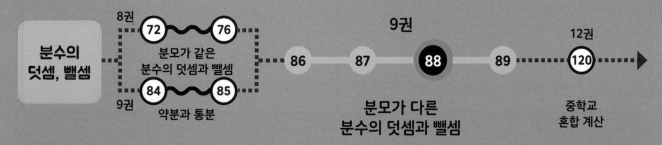

분수의
덧셈, 뺄셈

8권
72 ━ 76
분모가 같은
분수의 덧셈과 뺄셈

9권
84 ━ 85
약분과 통분

9권
86 87 **88** 89

분모가 다른
분수의 덧셈과 뺄셈

12권
120

중학교
혼합 계산

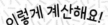

88 분모가 다른 대분수의 덧셈과 뺄셈❷

계산 결과가 가분수이면 대분수로 나타내요.

통분한 후 분수끼리의 합이 가분수이면 대분수로 바꾸어 자연수와 더해요.

$$1\frac{1}{2}+1\frac{2}{3}=1\frac{3}{6}+1\frac{4}{6}=(1+1)+\left(\frac{3}{6}+\frac{4}{6}\right)=2+\boxed{\frac{7}{6}}=2+\boxed{1\frac{1}{6}}=3\frac{1}{6}$$

가분수를 대분수로!

분수 부분끼리 뺄 수 없으면 자연수에서 1을 분수로 나타내요.

통분한 후 분수끼리 뺄 수 없으면 자연수 부분에서 1을 분수 부분과 더하여 가분수로 바꾼 다음 계산해요.

$$3\frac{1}{5}-1\frac{1}{2}=3\boxed{\frac{2}{10}}-1\frac{5}{10}=2\boxed{\frac{12}{10}}-1\frac{5}{10}=(2-1)+\left(\frac{12}{10}-\frac{5}{10}\right)=1\frac{7}{10}$$

자연수에서 1을 받아내림

$$3=2+1=2+\frac{10}{10}$$

자연수 부분은 1 작아지고
분수 부분의 분자는 분모만큼 커져요.

A

덧셈 ▶
$$2\frac{1}{4}+1\frac{5}{6}=2\frac{3}{12}+1\frac{10}{12}$$

$$=3+\frac{13}{12}=3+1\frac{1}{12}$$

대분수로

$$=4\frac{1}{12}$$

B

뺄셈 ▶
$$3\frac{1}{3}-1\frac{3}{4}=3\frac{4}{12}-1\frac{9}{12}$$

자연수에서 1을 받아내림

$$=2\frac{16}{12}-1\frac{9}{12}$$

$$=1\frac{7}{12}$$

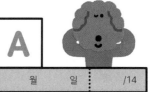
① $4\dfrac{4}{5} + 1\dfrac{1}{2} = (4+1) + \left(\dfrac{8}{10} + \dfrac{5}{10}\right)$

통분

$= 5 + \dfrac{13}{10} = 5 + 1\dfrac{3}{10} = 6\dfrac{3}{10}$

가분수를 대분수로!

② $2\dfrac{5}{6} + 3\dfrac{3}{8} =$

③ $4\dfrac{7}{10} + 2\dfrac{3}{4} =$

④ $6\dfrac{5}{6} + 4\dfrac{11}{24} =$

⑤ $5\dfrac{13}{16} + 2\dfrac{7}{10} =$

⑥ $4\dfrac{9}{14} + 3\dfrac{8}{21} =$

⑦ $7\dfrac{12}{25} + 2\dfrac{17}{20} =$

⑧ $1\dfrac{1}{4} + 4\dfrac{5}{6} =$

⑨ $3\dfrac{5}{6} + 3\dfrac{8}{15} =$

⑩ $2\dfrac{3}{8} + 6\dfrac{11}{12} =$

⑪ $5\dfrac{7}{18} + 1\dfrac{8}{9} =$

⑫ $2\dfrac{5}{11} + 3\dfrac{9}{10} =$

⑬ $3\dfrac{7}{12} + 4\dfrac{13}{18} =$

⑭ $5\dfrac{31}{39} + 2\dfrac{9}{26} =$

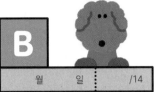
① $3\dfrac{2}{\boxed{5}} - 2\dfrac{5}{\boxed{8}} = 3\dfrac{16}{40} - 2\dfrac{25}{40}$

뺄 수 없어요.

통분

자연수 1을 분수로 바꾸어 분수에 더해요.

$= 2\dfrac{56}{40} - 2\dfrac{25}{40} = \dfrac{31}{40}$

② $7\dfrac{1}{4} - 5\dfrac{1}{2} =$

③ $8\dfrac{5}{18} - 4\dfrac{7}{9} =$

④ $6\dfrac{1}{8} - 3\dfrac{3}{10} =$

⑤ $9\dfrac{5}{24} - 6\dfrac{7}{9} =$

⑥ $4\dfrac{7}{16} - 1\dfrac{13}{18} =$

⑦ $5\dfrac{11}{20} - 2\dfrac{19}{24} =$

⑧ $5\dfrac{1}{6} - 2\dfrac{2}{9} =$

⑨ $4\dfrac{3}{8} - 3\dfrac{7}{18} =$

⑩ $7\dfrac{3}{4} - 2\dfrac{19}{20} =$

⑪ $3\dfrac{8}{21} - 1\dfrac{5}{9} =$

⑫ $6\dfrac{1}{9} - 2\dfrac{5}{18} =$

⑬ $9\dfrac{7}{12} - 4\dfrac{16}{21} =$

⑭ $8\dfrac{5}{27} - 7\dfrac{5}{18} =$

① $2\dfrac{4}{7} + 2\dfrac{3}{5} = (2 + 2) + \left(\dfrac{20}{35} + \dfrac{21}{35}\right)$

통분

$= 4 + \dfrac{41}{35} = 4 + 1\dfrac{6}{35} = 5\dfrac{6}{35}$

가분수를 대분수로!

② $1\dfrac{5}{8} + 4\dfrac{7}{10} =$

③ $4\dfrac{5}{6} + 3\dfrac{5}{8} =$

④ $5\dfrac{7}{9} + 4\dfrac{11}{24} =$

⑤ $3\dfrac{3}{10} + 5\dfrac{15}{16} =$

⑥ $6\dfrac{9}{14} + 2\dfrac{2}{3} =$

⑦ $8\dfrac{13}{20} + 3\dfrac{11}{24} =$

⑧ $1\dfrac{1}{6} + 3\dfrac{8}{9} =$

⑨ $2\dfrac{5}{6} + 1\dfrac{5}{14} =$

⑩ $3\dfrac{2}{9} + 5\dfrac{11}{12} =$

⑪ $6\dfrac{6}{11} + 2\dfrac{3}{4} =$

⑫ $2\dfrac{7}{12} + 2\dfrac{9}{16} =$

⑬ $3\dfrac{3}{10} + 4\dfrac{18}{25} =$

⑭ $3\dfrac{13}{18} + 6\dfrac{7}{24} =$

① $6\dfrac{2}{\boxed{5}} - 3\dfrac{5}{\boxed{7}} = 6\dfrac{14}{35} - 3\dfrac{25}{35}$

통분

빼 수 없어요.

자연수 1을 분수로 바꾸어 분수에 더해요.

$= 5\dfrac{49}{35} - 3\dfrac{25}{35} = 2\dfrac{24}{35}$

② $4\dfrac{1}{6} - 2\dfrac{7}{9} =$

③ $8\dfrac{3}{10} - 7\dfrac{5}{8} =$

④ $7\dfrac{3}{4} - 3\dfrac{11}{14} =$

⑤ $5\dfrac{7}{22} - 2\dfrac{9}{11} =$

⑥ $6\dfrac{1}{45} - 4\dfrac{5}{18} =$

⑦ $5\dfrac{3}{16} - 4\dfrac{13}{20} =$

⑧ $2\dfrac{3}{8} - 1\dfrac{1}{2} =$

⑨ $3\dfrac{2}{9} - 1\dfrac{5}{18} =$

⑩ $8\dfrac{1}{6} - 2\dfrac{13}{16} =$

⑪ $6\dfrac{3}{14} - 4\dfrac{4}{7} =$

⑫ $9\dfrac{4}{15} - 1\dfrac{5}{18} =$

⑬ $4\dfrac{6}{11} - 3\dfrac{11}{20} =$

⑭ $7\dfrac{13}{21} - 3\dfrac{9}{14} =$

① $4\dfrac{2}{3}+2\dfrac{3}{4}=(4+2)+(\dfrac{8}{12}+\dfrac{9}{12})$

    통분

    $=6+\dfrac{17}{12}=6+1\dfrac{5}{12}=7\dfrac{5}{12}$

    가분수를 대분수로!

② $2\dfrac{7}{8}+3\dfrac{7}{12}=$

③ $3\dfrac{3}{10}+1\dfrac{5}{6}=$

④ $5\dfrac{4}{5}+4\dfrac{23}{55}=$

⑤ $7\dfrac{11}{15}+2\dfrac{3}{4}=$

⑥ $6\dfrac{47}{80}+3\dfrac{7}{16}=$

⑦ $4\dfrac{15}{28}+4\dfrac{23}{35}=$

⑧ $2\dfrac{5}{6}+2\dfrac{7}{8}=$

⑨ $1\dfrac{3}{4}+7\dfrac{9}{14}=$

⑩ $3\dfrac{1}{6}+5\dfrac{20}{21}=$

⑪ $2\dfrac{8}{15}+1\dfrac{1}{2}=$

⑫ $3\dfrac{3}{4}+2\dfrac{9}{11}=$

⑬ $6\dfrac{7}{18}+3\dfrac{23}{30}=$

⑭ $2\dfrac{25}{28}+4\dfrac{5}{36}=$

① 빨 수 없어요.

$4\dfrac{2}{\boxed{5}} - 2\dfrac{5}{\boxed{9}} = 4\dfrac{18}{45} - 2\dfrac{25}{45}$

통분

자연수 1을 분수로 바꾸어 분수에 더해요.

$= 3\dfrac{63}{45} - 2\dfrac{25}{45} = 1\dfrac{38}{45}$

② $6\dfrac{5}{6} - 1\dfrac{8}{9} =$

③ $7\dfrac{1}{8} - 5\dfrac{7}{10} =$

④ $6\dfrac{2}{5} - 2\dfrac{23}{30} =$

⑤ $5\dfrac{5}{14} - 3\dfrac{5}{6} =$

⑥ $9\dfrac{3}{17} - 7\dfrac{25}{51} =$

⑦ $8\dfrac{7}{26} - 6\dfrac{16}{39} =$

⑧ $6\dfrac{1}{4} - 5\dfrac{5}{6} =$

⑨ $9\dfrac{3}{8} - 6\dfrac{7}{12} =$

⑩ $7\dfrac{1}{6} - 1\dfrac{16}{39} =$

⑪ $4\dfrac{3}{14} - 2\dfrac{1}{4} =$

⑫ $5\dfrac{7}{24} - 3\dfrac{9}{16} =$

⑬ $8\dfrac{4}{15} - 5\dfrac{13}{30} =$

⑭ $2\dfrac{12}{35} - 1\dfrac{8}{21} =$

① $3\dfrac{2}{5} + 3\dfrac{2}{3} = (3+3) + (\dfrac{6}{15} + \dfrac{10}{15})$

통분

$= 6 + \dfrac{16}{15} = 6 + 1\dfrac{1}{15} = 7\dfrac{1}{15}$

가분수를 대분수로!

② $2\dfrac{4}{7} + 4\dfrac{5}{8} =$

③ $2\dfrac{5}{8} + 5\dfrac{7}{18} =$

④ $6\dfrac{7}{12} + 5\dfrac{3}{4} =$

⑤ $7\dfrac{13}{27} + 3\dfrac{11}{18} =$

⑥ $2\dfrac{7}{16} + 5\dfrac{33}{40} =$

⑦ $3\dfrac{12}{25} + 4\dfrac{27}{50} =$

⑧ $1\dfrac{1}{2} + 5\dfrac{3}{4} =$

⑨ $6\dfrac{3}{4} + 2\dfrac{8}{15} =$

⑩ $3\dfrac{7}{9} + 3\dfrac{16}{27} =$

⑪ $5\dfrac{9}{20} + 4\dfrac{4}{5} =$

⑫ $6\dfrac{5}{12} + 1\dfrac{9}{14} =$

⑬ $3\dfrac{4}{15} + 4\dfrac{20}{27} =$

⑭ $1\dfrac{27}{28} + 1\dfrac{5}{42} =$

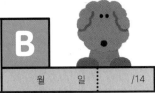
① $4\dfrac{3}{8}-2\dfrac{2}{3}=4\dfrac{9}{24}-2\dfrac{16}{24}$

뺄 수 없어요.

통분

자연수 1을 분수로 바꾸어 분수에 더해요.

$=3\dfrac{33}{24}-2\dfrac{16}{24}=1\dfrac{17}{24}$

② $8\dfrac{2}{7}-3\dfrac{3}{4}=$

③ $7\dfrac{4}{9}-6\dfrac{19}{24}=$

④ $4\dfrac{3}{8}-1\dfrac{17}{36}=$

⑤ $9\dfrac{5}{18}-6\dfrac{7}{12}=$

⑥ $4\dfrac{9}{20}-3\dfrac{18}{35}=$

⑦ $6\dfrac{3}{80}-4\dfrac{25}{32}=$

⑧ $4\dfrac{2}{3}-2\dfrac{5}{6}=$

⑨ $5\dfrac{1}{2}-3\dfrac{8}{13}=$

⑩ $2\dfrac{3}{8}-1\dfrac{13}{22}=$

⑪ $7\dfrac{5}{28}-4\dfrac{1}{4}=$

⑫ $8\dfrac{3}{14}-1\dfrac{5}{18}=$

⑬ $9\dfrac{7}{12}-2\dfrac{23}{32}=$

⑭ $6\dfrac{14}{45}-3\dfrac{11}{30}=$

① $1\dfrac{4}{9} + 1\dfrac{2}{3} = (1+1) + (\dfrac{4}{9} + \dfrac{6}{9})$

통분

$= 2 + \dfrac{10}{9} = 2 + 1\dfrac{1}{9} = 3\dfrac{1}{9}$

가분수를 대분수로!

② $3\dfrac{3}{7} + 2\dfrac{17}{18} =$

③ $6\dfrac{5}{6} + 3\dfrac{9}{14} =$

④ $4\dfrac{3}{4} + 5\dfrac{11}{18} =$

⑤ $2\dfrac{5}{12} + 4\dfrac{7}{8} =$

⑥ $5\dfrac{8}{15} + 3\dfrac{13}{18} =$

⑦ $7\dfrac{57}{88} + 6\dfrac{7}{11} =$

⑧ $2\dfrac{3}{4} + 5\dfrac{5}{8} =$

⑨ $4\dfrac{7}{8} + 4\dfrac{5}{18} =$

⑩ $5\dfrac{1}{6} + 1\dfrac{26}{27} =$

⑪ $3\dfrac{5}{14} + 2\dfrac{2}{3} =$

⑫ $4\dfrac{7}{10} + 5\dfrac{7}{18} =$

⑬ $2\dfrac{9}{16} + 6\dfrac{15}{32} =$

⑭ $7\dfrac{32}{39} + 2\dfrac{7}{26} =$

① 빼 수 없어요.

$5\dfrac{2}{\boxed{9}}-4\dfrac{5}{\boxed{6}}=5\dfrac{4}{18}-4\dfrac{15}{18}$

통분

자연수 1을 분수로 바꾸어 분수에 더해요.

$=4\dfrac{22}{18}-4\dfrac{15}{18}=\dfrac{7}{18}$

② $7\dfrac{3}{8}-4\dfrac{11}{24}=$

③ $6\dfrac{5}{6}-1\dfrac{8}{9}=$

④ $5\dfrac{5}{18}-2\dfrac{3}{4}=$

⑤ $8\dfrac{7}{12}-6\dfrac{4}{5}=$

⑥ $9\dfrac{7}{18}-2\dfrac{5}{6}=$

⑦ $7\dfrac{3}{28}-4\dfrac{9}{40}=$

⑧ $8\dfrac{4}{9}-4\dfrac{2}{3}=$

⑨ $2\dfrac{1}{5}-1\dfrac{5}{12}=$

⑩ $5\dfrac{2}{9}-4\dfrac{29}{72}=$

⑪ $6\dfrac{5}{39}-2\dfrac{1}{6}=$

⑫ $9\dfrac{7}{16}-3\dfrac{9}{20}=$

⑬ $4\dfrac{4}{15}-3\dfrac{7}{9}=$

⑭ $7\dfrac{11}{48}-4\dfrac{9}{32}=$

89 단계

분모가 다른 분수의 덧셈과 뺄셈 종합

▶ 학습계획 : 매일 공부할 날짜를 정하고, 계획에 맞게 공부하세요.

일차	1일차	2일차	3일차	4일차	5일차
날짜	/	/	/	/	/

▶ 학습연계 : 지금 무엇을 배우는지 확인하고, 이전에 배운 단계와 앞으로 배울 단계를 살펴보세요.

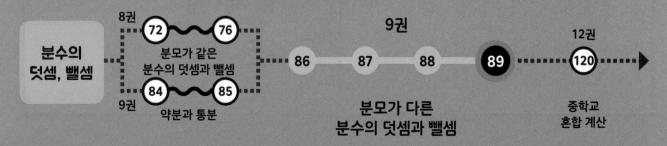

89 분모가 다른 분수의 덧셈과 뺄셈 종합

분모가 다르면 통분부터 해요!

분수의 덧셈과 뺄셈에서 분모가 다르면 바로 계산할 수 없기 때문에 통분하여 계산합니다.
앞에서 공부한 계산 방법을 잘 생각해 보면서 다시 한 번 확인하는 시간을 가져 봅니다.

❶ 분수를 통분합니다.

❷ 분모는 그대로 두고 분자끼리 계산합니다.

　대분수가 있으면 자연수는 자연수끼리, 분수는 분수끼리 계산합니다.

❸ 계산 결과를 기약분수로 나타내고, 가분수를 대분수로 나타낼 수 있습니다.

덧셈과 뺄셈이 섞여 있는 세 분수의 계산은 앞에서부터 두 분수씩 차례대로 해요!

분수의 혼합 계산도 자연수의 혼합 계산과 같아요. 앞에서부터 두 수씩 차례대로 계산합니다.
통분할 때는 두 분수씩 하거나 세 분수를 한꺼번에 해요.

방법 1 두 분수씩 통분하여 계산해요.

$$\frac{1}{2} - \frac{1}{3} - \frac{1}{8} = \left(\frac{3}{6} - \frac{2}{6}\right) - \frac{1}{8} = \frac{1}{6} - \frac{1}{8} = \frac{4}{24} - \frac{3}{24} = \frac{1}{24}$$

방법 2 세 분수를 한꺼번에 통분하여 계산해요.

$$\frac{1}{2} - \frac{1}{3} - \frac{1}{8} = \frac{12}{24} - \frac{8}{24} - \frac{3}{24} = \frac{1}{24}$$

A | 분수의 덧셈과 뺄셈

$$2\frac{5}{6} + 1\frac{1}{3} = 4\frac{1}{6}$$

$$3\frac{1}{6} - 1\frac{1}{4} = 1\frac{11}{12}$$

B | 분수의 혼합 계산

$$\frac{2}{3} - \frac{1}{8} + \frac{1}{6} = \frac{17}{24}$$

$$1\frac{7}{9} - \frac{1}{3} - \frac{1}{6} = 1\frac{5}{18}$$

① $\dfrac{3}{4} + \dfrac{1}{5} =$

② $\dfrac{1}{6} + \dfrac{4}{7} =$

③ $\dfrac{8}{9} + \dfrac{2}{15} =$

④ $1\dfrac{1}{2} + 2\dfrac{2}{3} =$

⑤ $4\dfrac{3}{4} + \dfrac{1}{6} =$

⑥ $2\dfrac{1}{6} + 1\dfrac{5}{12} =$

⑦ $\dfrac{2}{5} + 5\dfrac{13}{20} =$

⑧ $\dfrac{1}{2} - \dfrac{1}{3} =$

⑨ $\dfrac{3}{4} - \dfrac{1}{6} =$

⑩ $\dfrac{5}{9} - \dfrac{2}{15} =$

⑪ $6\dfrac{7}{9} - 4\dfrac{13}{18} =$

⑫ $3\dfrac{1}{2} - 1\dfrac{2}{5} =$

⑬ $8\dfrac{1}{3} - 4\dfrac{3}{7} =$

⑭ $5\dfrac{5}{6} - \dfrac{9}{10} =$

① $\dfrac{1}{2} + \dfrac{1}{3} + \dfrac{1}{4} =$

② $\dfrac{5}{6} - \dfrac{2}{3} - \dfrac{1}{8} =$

③ $3\dfrac{1}{2} + 2\dfrac{5}{6} + \dfrac{2}{9} =$

④ $3\dfrac{5}{6} - \dfrac{2}{3} - 1\dfrac{1}{18} =$

⑤ $2\dfrac{4}{5} + 4\dfrac{7}{10} + 3\dfrac{3}{20} =$

⑥ $8\dfrac{5}{9} - 2\dfrac{7}{12} - 3\dfrac{5}{18} =$

⑦ $\dfrac{3}{8} + \dfrac{1}{2} - \dfrac{2}{3} =$

⑧ $1 - \dfrac{5}{8} + \dfrac{1}{12} =$

⑨ $\dfrac{2}{3} + \dfrac{7}{12} - \dfrac{1}{4} =$

⑩ $7\dfrac{3}{4} - \dfrac{2}{5} + 3\dfrac{5}{6} =$

⑪ $1\dfrac{3}{4} + 3\dfrac{5}{7} - \dfrac{9}{14} =$

⑫ $9\dfrac{1}{3} - 6\dfrac{7}{12} + 3\dfrac{2}{15} =$

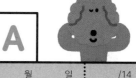
① $\dfrac{1}{2} + \dfrac{1}{7} =$

② $\dfrac{5}{6} + \dfrac{1}{9} =$

③ $\dfrac{7}{8} + \dfrac{3}{16} =$

④ $\dfrac{5}{12} + 6\dfrac{9}{28} =$

⑤ $1\dfrac{2}{3} + 8\dfrac{3}{4} =$

⑥ $9\dfrac{1}{5} + 3\dfrac{1}{2} =$

⑦ $5\dfrac{3}{4} + \dfrac{7}{10} =$

⑧ $\dfrac{2}{3} - \dfrac{1}{5} =$

⑨ $\dfrac{5}{6} - \dfrac{2}{9} =$

⑩ $\dfrac{1}{12} - \dfrac{1}{28} =$

⑪ $7\dfrac{1}{4} - 3\dfrac{4}{5} =$

⑫ $9\dfrac{1}{2} - \dfrac{5}{8} =$

⑬ $6\dfrac{2}{9} - 4\dfrac{1}{12} =$

⑭ $5\dfrac{7}{8} - \dfrac{11}{16} =$

① $\dfrac{3}{5} + \dfrac{1}{6} + \dfrac{2}{15} =$

⑦ $2 + \dfrac{5}{6} - \dfrac{3}{4} =$

② $\dfrac{2}{3} - \dfrac{2}{5} - \dfrac{1}{6} =$

⑧ $\dfrac{5}{6} - \dfrac{2}{9} + \dfrac{1}{3} =$

③ $\dfrac{1}{4} + 3\dfrac{5}{12} + 2\dfrac{7}{8} =$

⑨ $\dfrac{7}{8} + 2\dfrac{1}{3} - \dfrac{5}{18} =$

④ $6\dfrac{3}{4} - 3\dfrac{1}{7} - \dfrac{3}{8} =$

⑩ $3\dfrac{7}{9} - 1\dfrac{2}{3} + \dfrac{3}{4} =$

⑤ $1\dfrac{5}{6} + 2\dfrac{7}{12} + 3\dfrac{1}{18} =$

⑪ $4\dfrac{1}{2} + 3 - 1\dfrac{4}{9} =$

⑥ $9\dfrac{1}{3} - 5\dfrac{3}{10} - 2\dfrac{7}{15} =$

⑫ $2\dfrac{5}{6} - 2\dfrac{7}{12} + 3\dfrac{1}{4} =$

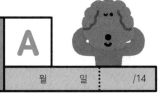
① $\dfrac{1}{4} + \dfrac{5}{6} =$

② $\dfrac{3}{5} + \dfrac{13}{20} =$

③ $\dfrac{5}{14} + \dfrac{4}{21} =$

④ $1\dfrac{1}{3} + 4\dfrac{4}{5} =$

⑤ $\dfrac{3}{4} + 6\dfrac{2}{7} =$

⑥ $1\dfrac{1}{6} + 2\dfrac{9}{16} =$

⑦ $3\dfrac{7}{12} + \dfrac{9}{20} =$

⑧ $\dfrac{2}{3} - \dfrac{3}{7} =$

⑨ $\dfrac{5}{8} - \dfrac{13}{28} =$

⑩ $\dfrac{11}{12} - \dfrac{9}{20} =$

⑪ $2\dfrac{3}{4} - 1\dfrac{1}{6} =$

⑫ $6\dfrac{2}{5} - \dfrac{5}{8} =$

⑬ $9\dfrac{1}{2} - 4\dfrac{17}{20} =$

⑭ $6\dfrac{3}{14} - \dfrac{8}{21} =$

① $\dfrac{1}{2} + 1 + \dfrac{11}{12} =$

② $\dfrac{8}{9} - \dfrac{1}{3} - \dfrac{2}{5} =$

③ $4\dfrac{2}{3} + 2\dfrac{1}{6} + \dfrac{7}{9} =$

④ $6\dfrac{7}{8} - \dfrac{1}{4} - 3\dfrac{5}{6} =$

⑤ $1\dfrac{3}{5} + 1\dfrac{2}{3} + 1\dfrac{11}{15} =$

⑥ $8\dfrac{1}{2} - 3\dfrac{5}{6} - 1\dfrac{5}{12} =$

⑦ $\dfrac{5}{8} + \dfrac{1}{6} - \dfrac{5}{16} =$

⑧ $3 - \dfrac{8}{21} + \dfrac{7}{9} =$

⑨ $1\dfrac{3}{7} + 2\dfrac{1}{6} - 2\dfrac{13}{14} =$

⑩ $6\dfrac{5}{9} - \dfrac{3}{5} + 5\dfrac{8}{15} =$

⑪ $2\dfrac{2}{5} + 5\dfrac{7}{12} - 6\dfrac{9}{20} =$

⑫ $9\dfrac{3}{4} - 3\dfrac{1}{6} + 1\dfrac{2}{3} =$

① $\dfrac{4}{5} + \dfrac{1}{2} =$

② $\dfrac{3}{8} + \dfrac{1}{10} =$

③ $\dfrac{17}{18} + \dfrac{1}{30} =$

④ $6\dfrac{1}{4} + 1\dfrac{7}{9} =$

⑤ $\dfrac{1}{2} + 3\dfrac{8}{15} =$

⑥ $4\dfrac{3}{4} + 5\dfrac{17}{18} =$

⑦ $5\dfrac{5}{16} + \dfrac{3}{32} =$

⑧ $\dfrac{1}{2} - \dfrac{2}{7} =$

⑨ $\dfrac{2}{3} - \dfrac{1}{8} =$

⑩ $\dfrac{5}{6} - \dfrac{8}{27} =$

⑪ $7\dfrac{1}{4} - \dfrac{6}{19} =$

⑫ $9\dfrac{8}{9} - 5\dfrac{11}{12} =$

⑬ $6\dfrac{3}{14} - 1\dfrac{4}{35} =$

⑭ $5\dfrac{17}{26} - \dfrac{31}{52} =$

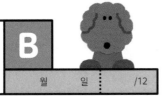
① $\dfrac{3}{7} + \dfrac{5}{6} + \dfrac{1}{3} =$

② $\dfrac{2}{3} - \dfrac{7}{20} - \dfrac{1}{4} =$

③ $2\dfrac{1}{8} + 4 + 2\dfrac{1}{5} =$

④ $1 - \dfrac{1}{6} - \dfrac{5}{7} =$

⑤ $3\dfrac{5}{6} + 2\dfrac{7}{12} + \dfrac{3}{8} =$

⑥ $4\dfrac{4}{9} - 2\dfrac{1}{3} - 1\dfrac{5}{21} =$

⑦ $\dfrac{5}{8} + \dfrac{5}{6} - \dfrac{5}{12} =$

⑧ $\dfrac{5}{6} - \dfrac{1}{3} + \dfrac{7}{10} =$

⑨ $5\dfrac{1}{2} + 3\dfrac{5}{8} - 8 =$

⑩ $9\dfrac{3}{5} - 2\dfrac{1}{3} + 4\dfrac{1}{6} =$

⑪ $3\dfrac{3}{4} + 4\dfrac{11}{12} - 1\dfrac{2}{3} =$

⑫ $2\dfrac{3}{4} - 1\dfrac{5}{24} + \dfrac{7}{8} =$

분모가 다른 분수의 덧셈과 뺄셈 종합

① $\dfrac{2}{5} + \dfrac{1}{3} =$

② $\dfrac{5}{7} + \dfrac{9}{11} =$

③ $\dfrac{7}{10} + \dfrac{1}{16} =$

④ $2\dfrac{5}{6} + 4\dfrac{4}{9} =$

⑤ $\dfrac{3}{8} + 9\dfrac{5}{14} =$

⑥ $3\dfrac{1}{4} + 4\dfrac{20}{21} =$

⑦ $7\dfrac{12}{13} + 8\dfrac{5}{26} =$

⑧ $\dfrac{3}{4} - \dfrac{3}{8} =$

⑨ $\dfrac{5}{6} - \dfrac{4}{9} =$

⑩ $\dfrac{3}{10} - \dfrac{5}{18} =$

⑪ $9\dfrac{1}{2} - 1\dfrac{2}{5} =$

⑫ $5\dfrac{7}{18} - \dfrac{19}{45} =$

⑬ $4\dfrac{5}{6} - 3\dfrac{9}{22} =$

⑭ $3\dfrac{4}{19} - 2\dfrac{23}{38} =$

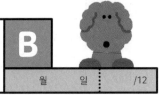
① $2 - \dfrac{2}{3} - \dfrac{5}{9} =$

② $\dfrac{5}{6} + \dfrac{3}{4} + \dfrac{7}{8} =$

③ $\dfrac{6}{7} - \dfrac{1}{5} - \dfrac{1}{2} =$

④ $3\dfrac{1}{3} + 5\dfrac{5}{8} + \dfrac{5}{6} =$

⑤ $5\dfrac{3}{4} + 2\dfrac{10}{11} + 3\dfrac{7}{22} =$

⑥ $6\dfrac{7}{8} - 2\dfrac{15}{16} - 2\dfrac{9}{32} =$

⑦ $\dfrac{4}{7} + \dfrac{5}{14} - \dfrac{3}{28} =$

⑧ $\dfrac{7}{9} - \dfrac{2}{3} + \dfrac{1}{4} =$

⑨ $1\dfrac{2}{3} + 4\dfrac{2}{9} - \dfrac{3}{4} =$

⑩ $6\dfrac{5}{8} - 3\dfrac{2}{3} + \dfrac{1}{2} =$

⑪ $2\dfrac{3}{8} + 6\dfrac{11}{24} - 4\dfrac{15}{16} =$

⑫ $2\dfrac{3}{4} - 1\dfrac{1}{20} + 3\dfrac{27}{40} =$

5학년 방정식

90 단계

덧셈식과 뺄셈식에서 모르는 수 □ 를 구하는 연습은 다른 학년에서 여러 번 했어요.

분모가 다른 분수의 덧셈과 뺄셈에서도 □ 를 구하는 방법은 같습니다.

주어진 식을 수직선에 나타낸 후 □ 를 구하는 식을 만들어 분수의 덧셈이나 뺄셈을

계산하면 되는 것이죠.

아직 덧셈식을 뺄셈식으로 나타내고, 뺄셈식을 덧셈식으로 나타내는 것이 어려

우면 자연수의 방정식을 좀 더 연습합니다.

일차	학습 내용		날짜
1일차	□가 있는 분수의 덧셈식	$\frac{2}{5}+\square=\frac{3}{4}$ 에서 □ = ?	/
2일차	□가 있는 분수의 덧셈식	$\square+\frac{1}{3}=\frac{1}{2}$ 에서 □ = ?	/
3일차	□가 있는 분수의 뺄셈식	$\frac{2}{5}-\square=\frac{1}{3}$ 에서 □ = ?	/
4일차	□가 있는 분수의 뺄셈식	$\square-1\frac{1}{2}=\frac{1}{4}$ 에서 □ = ?	/
5일차	□가 있는 분수의 덧셈식, 뺄셈식의 활용		/

90 5학년 방정식

수직선으로 나타내면 □를 구하는 식을 알 수 있어요.

분수의 덧셈과 뺄셈에서 모르는 어떤 수 □가 있을 때에는 자연수처럼 수직선으로 나타내 보세요.
그러면 □를 구하는 데 필요한 식이 덧셈식인지, 뺄셈식인지 쉽게 알 수 있어요.

$$\frac{1}{4} + □ = \frac{4}{5} \;\Rightarrow\; \Rightarrow\; □ = \frac{4}{5} - \frac{1}{4} \;\Rightarrow\; □ = \frac{11}{20}$$

$$□ + \frac{1}{2} = \frac{4}{5} \;\Rightarrow\; \Rightarrow\; □ = \frac{4}{5} - \frac{1}{2} \;\Rightarrow\; □ = \frac{3}{10}$$

$$\frac{2}{3} - □ = \frac{1}{2} \;\Rightarrow\; \Rightarrow\; □ = \frac{2}{3} - \frac{1}{2} \;\Rightarrow\; □ = \frac{1}{6}$$

$$□ - \frac{4}{9} = \frac{1}{6} \;\Rightarrow\; \Rightarrow\; □ = \frac{1}{6} + \frac{4}{9} \;\Rightarrow\; □ = \frac{11}{18}$$

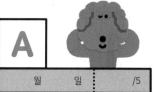

① $\dfrac{2}{5} + \square = \dfrac{3}{4}$ ➡ $\square = \dfrac{3}{4} - \dfrac{2}{5}$ ➡ $\square = \dfrac{7}{20}$

② $\dfrac{4}{9} + \square = \dfrac{2}{3}$ ➡ $\square =$ ____ ➡ $\square =$ ____

③ $\dfrac{3}{10} + \square = \dfrac{3}{4}$ ➡ $\square =$ ____ ➡ $\square =$ ____

④ $1\dfrac{1}{4} + \square = 2\dfrac{5}{6}$ ➡ $\square =$ ____ ➡ $\square =$ ____

⑤ $2\dfrac{1}{2} + \square = 3\dfrac{1}{5}$ ➡ $\square =$ ____ ➡ $\square =$ ____

① $\dfrac{1}{6} + \square = \dfrac{1}{4}$ $\square = \dfrac{1}{4} - \dfrac{1}{6}$

➡ $\square = $ _____

② $\dfrac{5}{9} + \square = 1$

➡ $\square = $ _____

③ $\dfrac{2}{7} + \square = \dfrac{2}{3}$

➡ $\square = $ _____

④ $\dfrac{1}{2} + \square = \dfrac{5}{6}$

➡ $\square = $ _____

⑤ $\dfrac{13}{36} + \square = \dfrac{11}{12}$

➡ $\square = $ _____

⑥ $1\dfrac{7}{15} + \square = 2\dfrac{1}{2}$

➡ $\square = $ _____

⑦ $1\dfrac{1}{2} + \square = 3\dfrac{8}{9}$

➡ $\square = $ _____

⑧ $1\dfrac{2}{5} + \square = 2\dfrac{1}{8}$

➡ $\square = $ _____

⑨ $5\dfrac{5}{6} + \square = 7\dfrac{7}{12}$

➡ $\square = $ _____

⑩ $2\dfrac{3}{4} + \square = 4\dfrac{5}{12}$

➡ $\square = $ _____

① $\square + \dfrac{1}{3} = \dfrac{1}{2}$ ➡ $\square = \underline{\quad \dfrac{1}{2} - \dfrac{1}{3} \quad}$ ➡ $\square = \underline{\quad \dfrac{1}{6} \quad}$

② $\square + \dfrac{1}{6} = \dfrac{3}{4}$ ➡ $\square = \underline{\qquad\qquad}$ ➡ $\square = \underline{\qquad\qquad}$

③ $\square + \dfrac{2}{15} = \dfrac{9}{20}$ ➡ $\square = \underline{\qquad\qquad}$ ➡ $\square = \underline{\qquad\qquad}$

④ $\square + \dfrac{3}{8} = 1\dfrac{7}{12}$ ➡ $\square = \underline{\qquad\qquad}$ ➡ $\square = \underline{\qquad\qquad}$

⑤ $\square + 2\dfrac{4}{9} = 3\dfrac{1}{6}$ ➡ $\square = \underline{\qquad\qquad}$ ➡ $\square = \underline{\qquad\qquad}$

① $\square + \dfrac{2}{7} = \dfrac{3}{4}$ $\square = \dfrac{3}{4} - \dfrac{2}{7}$

➡ $\square =$ _____

② $\square + \dfrac{1}{12} = \dfrac{1}{9}$

➡ $\square =$ _____

③ $\square + \dfrac{2}{3} = \dfrac{7}{8}$

➡ $\square =$ _____

④ $\square + \dfrac{9}{20} = \dfrac{7}{10}$

➡ $\square =$ _____

⑤ $\square + \dfrac{7}{15} = \dfrac{5}{6}$

➡ $\square =$ _____

⑥ $\square + \dfrac{1}{4} = 2\dfrac{3}{10}$

➡ $\square =$ _____

⑦ $\square + 2\dfrac{7}{20} = 6\dfrac{7}{12}$

➡ $\square =$ _____

⑧ $\square + 1\dfrac{5}{6} = 3\dfrac{1}{2}$

➡ $\square =$ _____

⑨ $\square + 4\dfrac{7}{9} = 7\dfrac{1}{3}$

➡ $\square =$ _____

⑩ $\square + 1\dfrac{3}{8} = 4\dfrac{1}{6}$

➡ $\square =$ _____

① $\dfrac{2}{5} - \square = \dfrac{1}{3}$ ➡ $\square = \dfrac{2}{5} - \dfrac{1}{3}$ ➡ $\square = \dfrac{1}{15}$

② $\dfrac{3}{4} - \square = \dfrac{1}{2}$ ➡ $\square = $ ➡ $\square = $

③ $\dfrac{5}{6} - \square = \dfrac{5}{9}$ ➡ $\square = $ ➡ $\square = $

④ $3\dfrac{4}{15} - \square = 2\dfrac{1}{10}$ ➡ $\square = $ ➡ $\square = $

⑤ $4\dfrac{5}{12} - \square = 1\dfrac{7}{8}$ ➡ $\square = $ ➡ $\square = $

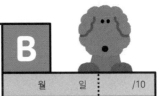

① $\dfrac{1}{2} - \square = \dfrac{1}{6}$ ☐ $= \dfrac{1}{2} - \dfrac{1}{6}$

➡ $\square =$ ＿＿＿＿

② $\dfrac{5}{8} - \square = \dfrac{2}{5}$

➡ $\square =$ ＿＿＿＿

③ $\dfrac{1}{2} - \square = \dfrac{3}{7}$

➡ $\square =$ ＿＿＿＿

④ $\dfrac{9}{20} - \square = \dfrac{3}{8}$

➡ $\square =$ ＿＿＿＿

⑤ $\dfrac{7}{9} - \square = \dfrac{5}{12}$

➡ $\square =$ ＿＿＿＿

⑥ $5 - \square = 1\dfrac{3}{10}$

➡ $\square =$ ＿＿＿＿

⑦ $3\dfrac{1}{3} - \square = \dfrac{8}{15}$

➡ $\square =$ ＿＿＿＿

⑧ $3\dfrac{5}{6} - \square = 3\dfrac{1}{12}$

➡ $\square =$ ＿＿＿＿

⑨ $5\dfrac{3}{8} - \square = 2\dfrac{5}{6}$

➡ $\square =$ ＿＿＿＿

⑩ $4\dfrac{1}{4} - \square = 1\dfrac{1}{3}$

➡ $\square =$ ＿＿＿＿

5학년 방정식

① $\square - 1\frac{1}{2} = \frac{1}{4}$ ➡ $\square = \dfrac{\frac{1}{4} + 1\frac{1}{2}}{\text{또는 } 1\frac{1}{2} + \frac{1}{4}}$ ➡ $\square = \underline{\quad 1\frac{3}{4} \quad}$

② $\square - \frac{2}{3} = \frac{3}{8}$ ➡ $\square = \underline{\qquad}$ ➡ $\square = \underline{\qquad}$

③ $\square - \frac{5}{6} = \frac{1}{9}$ ➡ $\square = \underline{\qquad}$ ➡ $\square = \underline{\qquad}$

④ $\square - 1\frac{3}{7} = \frac{10}{21}$ ➡ $\square = \underline{\qquad}$ ➡ $\square = \underline{\qquad}$

⑤ $\square - 2\frac{3}{4} = 1\frac{2}{3}$ ➡ $\square = \underline{\qquad}$ ➡ $\square = \underline{\qquad}$

① $\square - \dfrac{4}{5} = \dfrac{3}{4}$ $\square = \dfrac{3}{4} + \dfrac{4}{5}$

➡ $\square =$ _____

② $\square - \dfrac{1}{8} = \dfrac{1}{6}$

➡ $\square =$ _____

③ $\square - \dfrac{7}{10} = \dfrac{7}{15}$

➡ $\square =$ _____

④ $\square - \dfrac{1}{3} = \dfrac{5}{12}$

➡ $\square =$ _____

⑤ $\square - \dfrac{7}{12} = \dfrac{7}{9}$

➡ $\square =$ _____

⑥ $\square - 2\dfrac{1}{3} = \dfrac{4}{9}$

➡ $\square =$ _____

⑦ $\square - 2\dfrac{1}{2} = 2\dfrac{1}{7}$

➡ $\square =$ _____

⑧ $\square - 2\dfrac{13}{18} = 2\dfrac{7}{9}$

➡ $\square =$ _____

⑨ $\square - \dfrac{5}{12} = 2\dfrac{7}{8}$

➡ $\square =$ _____

⑩ $\square - 1\dfrac{1}{4} = 1\dfrac{1}{6}$

➡ $\square =$ _____

① $\dfrac{1}{2} + \square = \dfrac{4}{5}$

➡ $\square =$ _____

② $1\dfrac{5}{6} + \square = 2\dfrac{1}{4}$

➡ $\square =$ _____

③ $\square + \dfrac{1}{6} = \dfrac{9}{10}$

➡ $\square =$ _____

④ $\square + \dfrac{3}{8} = 2\dfrac{1}{6}$

➡ $\square =$ _____

⑤ $\square + 1\dfrac{5}{12} = 4\dfrac{3}{20}$

➡ $\square =$ _____

⑥ $6 - \square = 2\dfrac{4}{7}$

➡ $\square =$ _____

⑦ $5\dfrac{3}{8} - \square = 3\dfrac{5}{12}$

➡ $\square =$ _____

⑧ $3\dfrac{1}{10} - \square = 1\dfrac{3}{4}$

➡ $\square =$ _____

⑨ $\square - \dfrac{1}{2} = \dfrac{5}{9}$

➡ $\square =$ _____

⑩ $\square - 1\dfrac{1}{3} = 1\dfrac{1}{4}$

➡ $\square =$ _____

5학년 방정식

① 어떤 수에 $\dfrac{5}{8}$ 를 더했더니 $\dfrac{5}{6}$ 가 되었습니다.
  □   +

  어떤 수를 구하세요.

  식 $\square + \dfrac{5}{8} = \dfrac{5}{6}$
  _____

  답 _____

② 길이가 $\dfrac{9}{10}$ m인 끈을 잘라서 선물을 포장했더니

  끈이 $\dfrac{4}{15}$ m 남았습니다.

  선물을 포장하는 데 사용한 끈은 몇 m일까요?
                    □

  식 _____

  답 _____ m

③ 담장을 색칠하는 데 페인트 $3\dfrac{1}{2}$ L를 사용하였더니

  페인트가 $\dfrac{1}{6}$ L 남았습니다.

  처음에 있었던 페인트는 몇 L일까요?
        □

  식 _____

  답 _____ L

9권 끝!
10권으로 넘어갈까요?

앗!

본책의 정답과 풀이를 분실하셨나요?
길벗스쿨 홈페이지에 들어오시면 내려받으실 수 있습니다.
https://school.gilbut.co.kr/

기적의 계산법

정답

초등 5학년

9권

정답

9권

엄마표 학습 생활기록부

81 단계					<학습기간> 월 일 ~ 월 일
계획 준수	① 매우 잘함	② 잘함	③ 보통	④ 노력 요함	종합의견
원리 이해	① 매우 잘함	② 잘함	③ 보통	④ 노력 요함	
시간 단축	① 매우 잘함	② 잘함	③ 보통	④ 노력 요함	
정확성	① 매우 잘함	② 잘함	③ 보통	④ 노력 요함	

82 단계					<학습기간> 월 일 ~ 월 일
계획 준수	① 매우 잘함	② 잘함	③ 보통	④ 노력 요함	종합의견
원리 이해	① 매우 잘함	② 잘함	③ 보통	④ 노력 요함	
시간 단축	① 매우 잘함	② 잘함	③ 보통	④ 노력 요함	
정확성	① 매우 잘함	② 잘함	③ 보통	④ 노력 요함	

83 단계					<학습기간> 월 일 ~ 월 일
계획 준수	① 매우 잘함	② 잘함	③ 보통	④ 노력 요함	종합의견
원리 이해	① 매우 잘함	② 잘함	③ 보통	④ 노력 요함	
시간 단축	① 매우 잘함	② 잘함	③ 보통	④ 노력 요함	
정확성	① 매우 잘함	② 잘함	③ 보통	④ 노력 요함	

84 단계					<학습기간> 월 일 ~ 월 일
계획 준수	① 매우 잘함	② 잘함	③ 보통	④ 노력 요함	종합의견
원리 이해	① 매우 잘함	② 잘함	③ 보통	④ 노력 요함	
시간 단축	① 매우 잘함	② 잘함	③ 보통	④ 노력 요함	
정확성	① 매우 잘함	② 잘함	③ 보통	④ 노력 요함	

85 단계					<학습기간> 월 일 ~ 월 일
계획 준수	① 매우 잘함	② 잘함	③ 보통	④ 노력 요함	종합의견
원리 이해	① 매우 잘함	② 잘함	③ 보통	④ 노력 요함	
시간 단축	① 매우 잘함	② 잘함	③ 보통	④ 노력 요함	
정확성	① 매우 잘함	② 잘함	③ 보통	④ 노력 요함	

86 단계

계획 준수	① 매우 잘함	② 잘함	③ 보통	④ 노력 요함		
원리 이해	① 매우 잘함	② 잘함	③ 보통	④ 노력 요함	종합의견	
시간 단축	① 매우 잘함	② 잘함	③ 보통	④ 노력 요함		
정확성	① 매우 잘함	② 잘함	③ 보통	④ 노력 요함		

<학습기간>   월   일 ~   월   일

87 단계

계획 준수	① 매우 잘함	② 잘함	③ 보통	④ 노력 요함		
원리 이해	① 매우 잘함	② 잘함	③ 보통	④ 노력 요함	종합의견	
시간 단축	① 매우 잘함	② 잘함	③ 보통	④ 노력 요함		
정확성	① 매우 잘함	② 잘함	③ 보통	④ 노력 요함		

<학습기간>   월   일 ~   월   일

88 단계

계획 준수	① 매우 잘함	② 잘함	③ 보통	④ 노력 요함		
원리 이해	① 매우 잘함	② 잘함	③ 보통	④ 노력 요함	종합의견	
시간 단축	① 매우 잘함	② 잘함	③ 보통	④ 노력 요함		
정확성	① 매우 잘함	② 잘함	③ 보통	④ 노력 요함		

<학습기간>   월   일 ~   월   일

89 단계

계획 준수	① 매우 잘함	② 잘함	③ 보통	④ 노력 요함		
원리 이해	① 매우 잘함	② 잘함	③ 보통	④ 노력 요함	종합의견	
시간 단축	① 매우 잘함	② 잘함	③ 보통	④ 노력 요함		
정확성	① 매우 잘함	② 잘함	③ 보통	④ 노력 요함		

<학습기간>   월   일 ~   월   일

90 단계

계획 준수	① 매우 잘함	② 잘함	③ 보통	④ 노력 요함		
원리 이해	① 매우 잘함	② 잘함	③ 보통	④ 노력 요함	종합의견	
시간 단축	① 매우 잘함	② 잘함	③ 보통	④ 노력 요함		
정확성	① 매우 잘함	② 잘함	③ 보통	④ 노력 요함		

<학습기간>   월   일 ~   월   일

81단계

약수와 공약수, 배수와 공배수

약수와 배수는 곱셈과 나눗셈의 관계를 이용하여 이해합니다.

6을 2로 나누면 몫이 3이고 나누어떨어집니다. 이때 2는 6의 약수가 되고 6은 2의 배수가 되는 것이지요. 이처럼 약수와 배수의 관계는 곱셈과 나눗셈의 관계로 이해시켜 주세요.

지도가이드

1 Day

11쪽 Ⓐ

① 1, 3
② 1, 2
③ 1, 2, 4
④ 1, 2, 3, 6
⑤ 1, 3
⑥ 1, 2, 4, 8

12쪽 Ⓑ

① 12, 24, 36
② 24, 48, 72
③ 16, 32, 48
④ 12, 24, 36
⑤ 22, 44, 66
⑥ 60, 120, 180

2 Day

13쪽 Ⓐ

① 1, 2
② 1, 2
③ 1, 2
④ 1, 2, 3, 6
⑤ 1, 5
⑥ 1, 2, 3, 6

14쪽 Ⓑ

① 8, 16, 24
② 20, 40, 60
③ 14, 28, 42
④ 30, 60, 90
⑤ 24, 48, 72
⑥ 48, 96, 144

3 Day

15쪽 Ⓐ

① 1, 2, 4
② 1, 3, 9
③ 1, 2, 3, 6
④ 1, 2, 4, 8, 16
⑤ 1, 2, 3, 4, 6, 12
⑥ 1, 2, 4, 8

16쪽 Ⓑ

① 6, 12, 18
② 15, 30, 45
③ 36, 72, 108
④ 36, 72, 108
⑤ 20, 40, 60
⑥ 21, 42, 63

4 Day

17쪽 Ⓐ

① 1, 3
② 1, 2
③ 1, 2, 5, 10
④ 1, 2, 7, 14
⑤ 1, 3
⑥ 1, 3, 9

18쪽 Ⓑ

① 12, 24, 36
② 18, 36, 54
③ 48, 96, 144
④ 27, 54, 81
⑤ 42, 84, 126
⑥ 30, 60, 90

5 Day

19쪽 Ⓐ

① 1, 2, 4
② 1, 3
③ 1, 2, 4
④ 1, 7
⑤ 1, 2, 4, 8
⑥ 1, 13

20쪽 Ⓑ

① 9, 18, 27
② 12, 24, 36
③ 50, 100, 150
④ 54, 108, 162
⑤ 96, 192, 288
⑥ 150, 300, 450

82 단계 최대공약수와 최소공배수

82단계에서는 곱셈식과 나눗셈식을 이용하여 최대공약수와 최소공배수를 구합니다. 이 때 최대공약수는 두 수에 공통으로 들어 있는 약수만 곱하고, 최소공배수는 두 수에 공통으로 들어 있는 약수와 나머지 수를 모두 곱하여 구하는 차이점을 알고 연습하도록 합니다.

지도가이드

1 Day

23쪽 Ⓐ
① 9, 45
② 12, 36
③ 3, 126
④ 9, 189
⑤ 16, 96

24쪽 Ⓑ
① 7, 28
② 8, 16
③ 3, 117
④ 6, 126
⑤ 2, 120
⑥ 9, 108
⑦ 8, 160
⑧ 14, 168
⑨ 3, 912

2 Day

25쪽 Ⓐ
① 2, 80
② 2, 522
③ 2, 88
④ 12, 72
⑤ 4, 96

26쪽 Ⓑ
① 2, 24
② 2, 70
③ 15, 75
④ 9, 162
⑤ 13, 78
⑥ 15, 30
⑦ 8, 240
⑧ 6, 378
⑨ 13, 260

3 Day

27쪽 Ⓐ

① 6, 60
② 8, 144
③ 7, 280
④ 3, 90
⑤ 7, 245

28쪽 Ⓑ

① 6, 36
② 7, 42
③ 2, 48
④ 27, 54
⑤ 4, 56
⑥ 3, 390
⑦ 6, 336
⑧ 22, 44
⑨ 17, 51

4 Day

29쪽 Ⓐ

① 4, 140
② 8, 168
③ 3, 27
④ 5, 360
⑤ 16, 192

30쪽 Ⓑ

① 2, 96
② 6, 108
③ 4, 80
④ 6, 120
⑤ 4, 280
⑥ 33, 66
⑦ 7, 294
⑧ 24, 48
⑨ 4, 728

5 Day

31쪽 Ⓐ

① 9, 126
② 4, 144
③ 8, 288
④ 6, 210
⑤ 8, 96

32쪽 Ⓑ

① 3, 36
② 10, 30
③ 3, 90
④ 11, 66
⑤ 3, 360
⑥ 36, 72
⑦ 4, 176
⑧ 7, 392
⑨ 8, 448

83 단계

공약수와 최대공약수의 관계
공배수와 최소공배수의 관계

83단계에서는 최대공약수를 이용하여 공약수를 구하고, 최소공배수를 이용하여 공배수를 구합니다. 두 수의 공약수는 최대공약수의 약수와 같고, 두 수의 공배수는 최소공배수의 배수와 같음을 예를 들어 이해시켜 주세요.

지도가이드

1 Day

35쪽 A

① 3 / 1, 3
② 4 / 1, 2, 4
③ 8 / 1, 2, 4, 8
④ 6 / 1, 2, 3, 6
⑤ 4 / 1, 2, 4
⑥ 13 / 1, 13
⑦ 9 / 1, 3, 9
⑧ 8 / 1, 2, 4, 8
⑨ 10 / 1, 2, 5, 10

36쪽 B

① 9 / 9, 18, 27
② 24 / 24, 48, 72
③ 60 / 60, 120, 180
④ 30 / 30, 60, 90
⑤ 90 / 90, 180, 270
⑥ 12 / 12, 24, 36
⑦ 27 / 27, 54, 81
⑧ 75 / 75, 150, 225
⑨ 16 / 16, 32, 48

2 Day

37쪽 A

① 2 / 1, 2
② 7 / 1, 7
③ 18 / 1, 2, 3, 6, 9, 18
④ 4 / 1, 2, 4
⑤ 14 / 1, 2, 7, 14
⑥ 3 / 1, 3
⑦ 9 / 1, 3, 9
⑧ 4 / 1, 2, 4
⑨ 25 / 1, 5, 25

38쪽 B

① 30 / 30, 60, 90
② 54 / 54, 108, 162
③ 40 / 40, 80, 120
④ 36 / 36, 72, 108
⑤ 10 / 10, 20, 30
⑥ 72 / 72, 144, 216
⑦ 16 / 16, 32, 48
⑧ 42 / 42, 84, 126
⑨ 32 / 32, 64, 96

3 Day

39쪽 A

① 3 / 1, 3
② 9 / 1, 3, 9
③ 4 / 1, 2, 4
④ 18 / 1, 2, 3, 6, 9, 18
⑤ 12 / 1, 2, 3, 4, 6, 12
⑥ 5 / 1, 5
⑦ 6 / 1, 2, 3, 6
⑧ 15 / 1, 3, 5, 15
⑨ 8 / 1, 2, 4, 8

40쪽 B

① 14 / 14, 28, 42
② 56 / 56, 112, 168
③ 27 / 27, 54, 81
④ 60 / 60, 120, 180
⑤ 42 / 42, 84, 126
⑥ 20 / 20, 40, 60
⑦ 36 / 36, 72, 108
⑧ 120 / 120, 240, 360
⑨ 45 / 45, 90, 135

4 Day

41쪽 A

① 2 / 1, 2
② 4 / 1, 2, 4
③ 9 / 1, 3, 9
④ 8 / 1, 2, 4, 8
⑤ 8 / 1, 2, 4, 8
⑥ 6 / 1, 2, 3, 6
⑦ 10 / 1, 2, 5, 10
⑧ 12 / 1, 2, 3, 4, 6, 12
⑨ 16 / 1, 2, 4, 8, 16

42쪽 B

① 14 / 14, 28, 42
② 90 / 90, 180, 270
③ 36 / 36, 72, 108
④ 150 / 150, 300, 450
⑤ 48 / 48, 96, 144
⑥ 24 / 24, 48, 72
⑦ 35 / 35, 70, 105
⑧ 55 / 55, 110, 165
⑨ 120 / 120, 240, 360

5 Day

43쪽 A

① 7 / 1, 7
② 9 / 1, 3, 9
③ 6 / 1, 2, 3, 6
④ 4 / 1, 2, 4
⑤ 20 / 1, 2, 4, 5, 10, 20
⑥ 33 / 1, 3, 11, 33
⑦ 8 / 1, 2, 4, 8
⑧ 12 / 1, 2, 3, 4, 6, 12
⑨ 32 / 1, 2, 4, 8, 16, 32

44쪽 B

① 200 / 200, 400, 600
② 48 / 48, 96, 144
③ 44 / 44, 88, 132
④ 180 / 180, 360, 540
⑤ 50 / 50, 100, 150
⑥ 42 / 42, 84, 126
⑦ 90 / 90, 180, 270
⑧ 24 / 24, 48, 72
⑨ 240 / 240, 480, 720

84단계 약분

약분은 분모와 분자를 공약수로 나누어 간단한 분수로 만드는 것임을 분명히 알도록 합니다. 아이가 분수를 기약분수로 잘 나타내지 못한다면 분모와 분자의 최대공약수를 구하는 과정에서 실수가 있을 수 있습니다. 이 과정을 다시 한 번 복습할 수 있도록 지도해 주세요.

지도가이드

1 Day

47쪽 Ⓐ

① 2, 1
② 3
③ 4, 2
④ 2, 1
⑤ 1
⑥ 3, 2, 1
⑦ 3, 1
⑧ 4
⑨ 3
⑩ 3
⑪ 1
⑫ 18, 12, 6
⑬ 8, 4, 2, 1
⑭ 12, 8, 6, 4, 3, 2, 1

48쪽 Ⓑ

① $\frac{1}{7}$
② $\frac{3}{5}$
③ $\frac{2}{7}$
④ $\frac{1}{6}$
⑤ $\frac{1}{5}$
⑥ $\frac{1}{13}$
⑦ $\frac{1}{8}$
⑧ $\frac{5}{6}$
⑨ $\frac{3}{4}$
⑩ $\frac{1}{3}$
⑪ $\frac{6}{7}$
⑫ $\frac{1}{2}$
⑬ $\frac{1}{4}$
⑭ $\frac{1}{3}$
⑮ $\frac{2}{3}$
⑯ $\frac{1}{2}$
⑰ $\frac{4}{7}$
⑱ $\frac{1}{2}$
⑲ $\frac{3}{5}$
⑳ $\frac{1}{3}$
㉑ $\frac{1}{4}$

2 Day

49쪽 Ⓐ

① 2, 1
② 3, 2, 1
③ 1
④ 4, 2
⑤ 3, 2, 1
⑥ 1
⑦ 3, 1
⑧ 6, 4, 2
⑨ 4
⑩ 8, 4, 2, 1
⑪ 9, 3
⑫ 7, 2, 1
⑬ 1
⑭ 18

50쪽 Ⓑ

① $\frac{1}{5}$
② $\frac{3}{8}$
③ $\frac{1}{3}$
④ $\frac{1}{7}$
⑤ $\frac{1}{4}$
⑥ $\frac{1}{23}$
⑦ $\frac{3}{26}$
⑧ $\frac{7}{8}$
⑨ $\frac{5}{11}$
⑩ $\frac{4}{5}$
⑪ $\frac{1}{3}$
⑫ $\frac{5}{6}$
⑬ $\frac{1}{2}$
⑭ $\frac{14}{25}$
⑮ $\frac{3}{5}$
⑯ $\frac{3}{7}$
⑰ $\frac{7}{8}$
⑱ $\frac{5}{7}$
⑲ $\frac{7}{8}$
⑳ $\frac{1}{6}$
㉑ $\frac{2}{9}$

3 Day

51쪽 Ⓐ

① 3, 2, 1
② 4, 2
③ 1
④ 1
⑤ 2
⑥ 3, 1
⑦ 1
⑧ 5
⑨ 8, 4
⑩ 1
⑪ 16, 8, 4
⑫ 5
⑬ 15, 5
⑭ 4

52쪽 Ⓑ

① $\frac{1}{4}$
② $\frac{4}{11}$
③ $\frac{1}{5}$
④ $\frac{2}{9}$
⑤ $\frac{3}{14}$
⑥ $\frac{1}{18}$
⑦ $\frac{1}{17}$
⑧ $\frac{5}{6}$
⑨ $\frac{2}{3}$
⑩ $\frac{3}{5}$
⑪ $\frac{2}{3}$
⑫ $\frac{4}{5}$
⑬ $\frac{4}{7}$
⑭ $\frac{2}{5}$
⑮ $\frac{2}{3}$
⑯ $\frac{5}{6}$
⑰ $\frac{2}{7}$
⑱ $\frac{3}{5}$
⑲ $\frac{5}{8}$
⑳ $\frac{3}{4}$
㉑ $\frac{9}{10}$

4 Day

53쪽 Ⓐ

① 4, 2, 1
② 2
③ 3
④ 1
⑤ 2, 1
⑥ 1
⑦ 3, 2, 1
⑧ 7
⑨ 12, 6
⑩ 15, 10, 5
⑪ 6, 3
⑫ 1
⑬ 16, 8, 4, 2, 1
⑭ 18, 6, 2

54쪽 Ⓑ

① $\frac{3}{4}$
② $\frac{1}{3}$
③ $\frac{2}{13}$
④ $\frac{1}{15}$
⑤ $\frac{1}{29}$
⑥ $\frac{4}{31}$
⑦ $\frac{4}{25}$
⑧ $\frac{3}{4}$
⑨ $\frac{2}{3}$
⑩ $\frac{7}{8}$
⑪ $\frac{3}{5}$
⑫ $\frac{2}{3}$
⑬ $\frac{3}{5}$
⑭ $\frac{3}{22}$
⑮ $\frac{5}{7}$
⑯ $\frac{2}{5}$
⑰ $\frac{13}{20}$
⑱ $\frac{2}{9}$
⑲ $\frac{3}{7}$
⑳ $\frac{5}{8}$
㉑ $\frac{2}{5}$

5 Day

55쪽 Ⓐ

① 3, 1
② 4
③ 3
④ 4, 2, 1
⑤ 3, 1
⑥ 2
⑦ 1
⑧ 8, 4
⑨ 2
⑩ 18
⑪ 12, 6, 3
⑫ 10
⑬ 1
⑭ 24, 12, 6, 3

56쪽 Ⓑ

① $\frac{4}{9}$
② $\frac{1}{4}$
③ $\frac{2}{19}$
④ $\frac{1}{8}$
⑤ $\frac{1}{19}$
⑥ $\frac{2}{21}$
⑦ $\frac{3}{25}$
⑧ $\frac{6}{13}$
⑨ $\frac{2}{3}$
⑩ $\frac{3}{8}$
⑪ $\frac{1}{4}$
⑫ $\frac{6}{7}$
⑬ $\frac{3}{7}$
⑭ $\frac{5}{12}$
⑮ $\frac{3}{5}$
⑯ $\frac{15}{16}$
⑰ $\frac{14}{15}$
⑱ $\frac{2}{3}$
⑲ $\frac{4}{5}$
⑳ $\frac{3}{8}$
㉑ $\frac{10}{17}$

85 단계

단계

통분

85단계에서 학습하는 통분을 능숙하게 할 수 있어야 다음에 나오는 분수의 덧셈과 뺄셈을 잘 할 수 있습니다.

아이가 두 분모의 최소공배수를 공통분모로 하는 통분에서 실수가 있다면 82단계의 최소공배수를 구하는 방법을 다시 한 번 익히도록 지도해 주세요.

지도가이드

1 Day

59쪽 Ⓐ

① $\frac{3}{6}, \frac{4}{6}$

② $\frac{8}{12}, \frac{9}{12}$

③ $\frac{24}{30}, \frac{5}{30}$

④ $\frac{55}{77}, \frac{63}{77}$

⑤ $\frac{18}{48}, \frac{40}{48}$

⑥ $\frac{84}{120}, \frac{50}{120}$

⑦ $\frac{80}{300}, \frac{195}{300}$

⑧ $1\frac{5}{20}, 1\frac{12}{20}$

⑨ $1\frac{14}{35}, 2\frac{20}{35}$

⑩ $2\frac{40}{56}, 4\frac{21}{56}$

⑪ $5\frac{14}{42}, 2\frac{27}{42}$

⑫ $3\frac{20}{90}, 3\frac{27}{90}$

⑬ $2\frac{120}{195}, 1\frac{91}{195}$

⑭ $3\frac{75}{500}, 4\frac{280}{500}$

60쪽 Ⓑ

① $\frac{4}{8}, \frac{1}{8}$

② $\frac{9}{12}, \frac{10}{12}$

③ $\frac{3}{18}, \frac{8}{18}$

④ $\frac{15}{24}, \frac{14}{24}$

⑤ $\frac{16}{18}, \frac{13}{18}$

⑥ $\frac{5}{60}, \frac{16}{60}$

⑦ $\frac{45}{100}, \frac{48}{100}$

⑧ $1\frac{4}{6}, 2\frac{5}{6}$

⑨ $2\frac{7}{28}, 4\frac{24}{28}$

⑩ $1\frac{3}{8}, 1\frac{6}{8}$

⑪ $3\frac{8}{10}, 6\frac{9}{10}$

⑫ $4\frac{5}{30}, 1\frac{28}{30}$

⑬ $3\frac{15}{36}, 4\frac{14}{36}$

⑭ $2\frac{27}{42}, 1\frac{22}{42}$

2 Day

61쪽 Ⓐ

① $\frac{5}{15}, \frac{6}{15}$

② $\frac{35}{42}, \frac{18}{42}$

③ $\frac{48}{60}, \frac{35}{60}$

④ $\frac{14}{84}, \frac{54}{84}$

⑤ $\frac{91}{104}, \frac{88}{104}$

⑥ $\frac{128}{240}, \frac{75}{240}$

⑦ $\frac{270}{600}, \frac{260}{600}$

⑧ $2\frac{9}{18}, 2\frac{14}{18}$

⑨ $3\frac{16}{24}, 1\frac{15}{24}$

⑩ $4\frac{30}{40}, 5\frac{4}{40}$

⑪ $8\frac{72}{84}, 2\frac{35}{84}$

⑫ $5\frac{60}{135}, 6\frac{126}{135}$

⑬ $2\frac{77}{110}, 7\frac{20}{110}$

⑭ $1\frac{48}{200}, 9\frac{175}{200}$

62쪽 Ⓑ

① $\frac{6}{9}, \frac{1}{9}$

② $\frac{1}{6}, \frac{3}{6}$

③ $\frac{27}{36}, \frac{14}{36}$

④ $\frac{35}{40}, \frac{36}{40}$

⑤ $\frac{10}{12}, \frac{11}{12}$

⑥ $\frac{24}{112}, \frac{35}{112}$

⑦ $\frac{40}{75}, \frac{42}{75}$

⑧ $2\frac{4}{24}, 3\frac{15}{24}$

⑨ $1\frac{3}{8}, 5\frac{4}{8}$

⑩ $4\frac{6}{15}, 8\frac{4}{15}$

⑪ $3\frac{6}{14}, 7\frac{5}{14}$

⑫ $5\frac{28}{63}, 2\frac{39}{63}$

⑬ $6\frac{12}{90}, 9\frac{35}{90}$

⑭ $4\frac{9}{22}, 4\frac{20}{22}$

3 Day

63쪽 Ⓐ

① $\frac{7}{14}$, $\frac{4}{14}$
② $\frac{27}{36}$, $\frac{32}{36}$
③ $\frac{26}{39}$, $\frac{15}{39}$
④ $\frac{11}{55}$, $\frac{40}{55}$
⑤ $\frac{105}{126}$, $\frac{78}{126}$
⑥ $\frac{135}{210}$, $\frac{28}{210}$
⑦ $\frac{140}{320}$, $\frac{272}{320}$
⑧ $3\frac{24}{40}$, $5\frac{5}{40}$
⑨ $1\frac{14}{63}$, $1\frac{45}{63}$
⑩ $2\frac{16}{96}$, $3\frac{30}{96}$
⑪ $4\frac{90}{105}$, $2\frac{49}{105}$
⑫ $5\frac{100}{160}$, $5\frac{152}{160}$
⑬ $2\frac{68}{85}$, $1\frac{40}{85}$
⑭ $6\frac{25}{350}$, $7\frac{182}{350}$

64쪽 Ⓑ

① $\frac{2}{8}$, $\frac{5}{8}$
② $\frac{6}{15}$, $\frac{10}{15}$
③ $\frac{11}{22}$, $\frac{12}{22}$
④ $\frac{27}{36}$, $\frac{10}{36}$
⑤ $\frac{16}{20}$, $\frac{11}{20}$
⑥ $\frac{63}{70}$, $\frac{25}{70}$
⑦ $\frac{40}{96}$, $\frac{75}{96}$
⑧ $4\frac{2}{4}$, $2\frac{1}{4}$
⑨ $2\frac{4}{18}$, $3\frac{15}{18}$
⑩ $3\frac{12}{16}$, $6\frac{9}{16}$
⑪ $5\frac{25}{45}$, $7\frac{12}{45}$
⑫ $8\frac{77}{88}$, $5\frac{60}{88}$
⑬ $2\frac{4}{48}$, $2\frac{21}{48}$
⑭ $4\frac{35}{90}$, $9\frac{69}{90}$

4 Day

65쪽 Ⓐ

① $\frac{8}{12}$, $\frac{3}{12}$
② $\frac{27}{45}$, $\frac{20}{45}$
③ $\frac{51}{68}$, $\frac{24}{68}$
④ $\frac{56}{70}$, $\frac{55}{70}$
⑤ $\frac{63}{147}$, $\frac{112}{147}$
⑥ $\frac{126}{180}$, $\frac{50}{180}$
⑦ $\frac{150}{360}$, $\frac{156}{360}$
⑧ $2\frac{15}{21}$, $1\frac{7}{21}$
⑨ $3\frac{63}{72}$, $4\frac{64}{72}$
⑩ $1\frac{26}{65}$, $1\frac{20}{65}$
⑪ $5\frac{75}{120}$, $6\frac{112}{120}$
⑫ $6\frac{69}{92}$, $9\frac{60}{92}$
⑬ $2\frac{72}{132}$, $7\frac{77}{132}$
⑭ $4\frac{180}{380}$, $5\frac{209}{380}$

66쪽 Ⓑ

① $\frac{14}{21}$, $\frac{18}{21}$
② $\frac{5}{9}$, $\frac{3}{9}$
③ $\frac{15}{20}$, $\frac{2}{20}$
④ $\frac{15}{18}$, $\frac{17}{18}$
⑤ $\frac{21}{56}$, $\frac{38}{56}$
⑥ $\frac{75}{165}$, $\frac{44}{165}$
⑦ $\frac{7}{126}$, $\frac{51}{126}$
⑧ $4\frac{5}{6}$, $5\frac{2}{6}$
⑨ $5\frac{12}{42}$, $7\frac{35}{42}$
⑩ $7\frac{8}{16}$, $2\frac{7}{16}$
⑪ $6\frac{49}{56}$, $8\frac{52}{56}$
⑫ $1\frac{14}{63}$, $3\frac{60}{63}$
⑬ $3\frac{2}{24}$, $4\frac{1}{24}$
⑭ $2\frac{81}{144}$, $5\frac{92}{144}$

5 Day

67쪽 Ⓐ

① $\frac{6}{10}$, $\frac{5}{10}$
② $\frac{36}{63}$, $\frac{49}{63}$
③ $\frac{15}{30}$, $\frac{4}{30}$
④ $\frac{64}{80}$, $\frac{75}{80}$
⑤ $\frac{120}{144}$, $\frac{138}{144}$
⑥ $\frac{128}{208}$, $\frac{91}{208}$
⑦ $\frac{120}{800}$, $\frac{620}{800}$
⑧ $6\frac{14}{35}$, $7\frac{30}{35}$
⑨ $1\frac{30}{48}$, $3\frac{8}{48}$
⑩ $2\frac{22}{33}$, $1\frac{15}{33}$
⑪ $6\frac{48}{112}$, $4\frac{77}{112}$
⑫ $3\frac{88}{198}$, $8\frac{189}{198}$
⑬ $4\frac{99}{132}$, $2\frac{28}{132}$
⑭ $1\frac{125}{300}$, $2\frac{156}{300}$

68쪽 Ⓑ

① $\frac{2}{12}$, $\frac{9}{12}$
② $\frac{49}{56}$, $\frac{48}{56}$
③ $\frac{6}{12}$, $\frac{7}{12}$
④ $\frac{35}{42}$, $\frac{39}{42}$
⑤ $\frac{24}{27}$, $\frac{16}{27}$
⑥ $\frac{81}{126}$, $\frac{35}{126}$
⑦ $\frac{16}{50}$, $\frac{27}{50}$
⑧ $9\frac{3}{6}$, $3\frac{5}{6}$
⑨ $4\frac{9}{24}$, $6\frac{16}{24}$
⑩ $5\frac{5}{15}$, $7\frac{8}{15}$
⑪ $6\frac{45}{72}$, $8\frac{68}{72}$
⑫ $2\frac{65}{78}$, $3\frac{32}{78}$
⑬ $3\frac{21}{54}$, $1\frac{8}{54}$
⑭ $7\frac{20}{96}$, $4\frac{57}{96}$

86 단계

분모가 다른 진분수의 덧셈과 뺄셈

86단계에서는 분모가 다른 진분수의 덧셈과 뺄셈을 익힙니다.

통분을 잘 익혔다면 분모가 다른 진분수의 덧셈과 뺄셈도 무리 없이 풀 수 있습니다.

이 단계를 어려워하는 아이는 통분에 대한 학습이 부족할 수 있으므로 85단계를 다시 한

번 공부시켜 주세요.

지도가이드

1 Day

71쪽 Ⓐ

① $1\frac{1}{6}$

② $\frac{29}{30}$

③ $1\frac{43}{60}$

④ $\frac{5}{6}$

⑤ $1\frac{19}{66}$

⑥ $1\frac{17}{60}$

⑦ $\frac{27}{50}$

⑧ $\frac{5}{12}$

⑨ $\frac{19}{24}$

⑩ $1\frac{1}{6}$

⑪ $1\frac{7}{10}$

⑫ $1\frac{7}{60}$

⑬ $1\frac{5}{144}$

⑭ $1\frac{5}{42}$

72쪽 Ⓑ

① $\frac{1}{18}$

② $\frac{3}{22}$

③ $\frac{1}{60}$

④ $\frac{1}{90}$

⑤ $\frac{11}{52}$

⑥ $\frac{11}{24}$

⑦ $\frac{31}{42}$

⑧ $\frac{1}{12}$

⑨ $\frac{5}{12}$

⑩ $\frac{5}{56}$

⑪ $\frac{1}{12}$

⑫ $\frac{13}{60}$

⑬ $\frac{23}{90}$

⑭ $\frac{27}{32}$

2 Day

73쪽 Ⓐ

① $\frac{11}{12}$

② $\frac{33}{34}$

③ $1\frac{29}{44}$

④ $1\frac{5}{72}$

⑤ $1\frac{7}{130}$

⑥ $1\frac{97}{240}$

⑦ $\frac{59}{60}$

⑧ $\frac{11}{18}$

⑨ $1\frac{1}{36}$

⑩ $1\frac{3}{4}$

⑪ $1\frac{7}{40}$

⑫ $\frac{47}{48}$

⑬ $\frac{89}{90}$

⑭ $\frac{83}{84}$

74쪽 Ⓑ

① $\frac{1}{8}$

② $\frac{1}{42}$

③ $\frac{37}{99}$

④ $\frac{7}{60}$

⑤ $\frac{17}{132}$

⑥ $\frac{8}{15}$

⑦ $\frac{3}{70}$

⑧ $\frac{11}{20}$

⑨ $\frac{11}{24}$

⑩ $\frac{5}{18}$

⑪ $\frac{3}{28}$

⑫ $\frac{1}{20}$

⑬ $\frac{1}{48}$

⑭ $\frac{31}{72}$

3 Day

75쪽 Ⓐ

① $1\frac{7}{15}$　⑧ $1\frac{3}{8}$
② $1\frac{13}{55}$　⑨ $1\frac{1}{48}$
③ $\frac{26}{35}$　⑩ $\frac{37}{40}$
④ $1\frac{1}{42}$　⑪ $1\frac{7}{45}$
⑤ $1\frac{1}{26}$　⑫ $1\frac{4}{35}$
⑥ $1\frac{1}{9}$　⑬ $1\frac{17}{48}$
⑦ $1\frac{19}{100}$　⑭ $\frac{91}{96}$

76쪽 Ⓑ

① $\frac{11}{18}$　⑧ $\frac{3}{14}$
② $\frac{11}{30}$　⑨ $\frac{3}{20}$
③ $\frac{9}{80}$　⑩ $\frac{11}{72}$
④ $\frac{11}{39}$　⑪ $\frac{1}{10}$
⑤ $\frac{19}{60}$　⑫ $\frac{17}{84}$
⑥ $\frac{7}{18}$　⑬ $\frac{1}{60}$
⑦ $\frac{12}{55}$　⑭ $\frac{25}{54}$

4 Day

77쪽 Ⓐ

① $1\frac{11}{42}$　⑧ $1\frac{2}{9}$
② $\frac{28}{39}$　⑨ $\frac{33}{56}$
③ $1\frac{1}{10}$　⑩ $\frac{53}{63}$
④ $1\frac{4}{45}$　⑪ $1\frac{1}{16}$
⑤ $1\frac{23}{60}$　⑫ $\frac{44}{45}$
⑥ $\frac{41}{42}$　⑬ $\frac{7}{8}$
⑦ $1\frac{21}{40}$　⑭ $1\frac{23}{60}$

78쪽 Ⓑ

① $\frac{1}{12}$　⑧ $\frac{17}{40}$
② $\frac{26}{105}$　⑨ $\frac{2}{15}$
③ $\frac{13}{126}$　⑩ $\frac{1}{16}$
④ $\frac{25}{88}$　⑪ $\frac{5}{36}$
⑤ $\frac{17}{48}$　⑫ $\frac{19}{112}$
⑥ $\frac{49}{100}$　⑬ $\frac{5}{22}$
⑦ $\frac{11}{56}$　⑭ $\frac{2}{45}$

5 Day

79쪽 Ⓐ

① $1\frac{3}{20}$　⑧ $\frac{7}{8}$
② $\frac{19}{60}$　⑨ $\frac{17}{21}$
③ $1\frac{29}{72}$　⑩ $1\frac{59}{72}$
④ $1\frac{5}{48}$　⑪ $1\frac{1}{5}$
⑤ $\frac{29}{30}$　⑫ $\frac{40}{63}$
⑥ $1\frac{7}{26}$　⑬ $1\frac{19}{48}$
⑦ $1\frac{1}{30}$　⑭ $\frac{119}{150}$

80쪽 Ⓑ

① $\frac{4}{9}$　⑧ $\frac{1}{42}$
② $\frac{11}{60}$　⑨ $\frac{4}{21}$
③ $\frac{1}{180}$　⑩ $\frac{2}{21}$
④ $\frac{11}{120}$　⑪ $\frac{1}{45}$
⑤ $\frac{7}{99}$　⑫ $\frac{7}{16}$
⑥ $\frac{7}{60}$　⑬ $\frac{1}{42}$
⑦ $\frac{11}{135}$　⑭ $\frac{5}{78}$

87 단계

분모가 다른 대분수의 덧셈과 뺄셈 ①

87단계에서는 분수끼리의 계산에서 자연수 부분으로 받아올림이 없거나 자연수 부분에서 받아내림이 없는 대분수의 덧셈과 뺄셈을 익힙니다. 분모가 다르므로 통분하여 자연수는 자연수끼리, 분수는 분수끼리 계산하는 과정을 익히는 것이 핵심입니다.

지도가이드

1 Day

83쪽 Ⓐ

① $3\frac{7}{10}$
② $8\frac{5}{6}$
③ $5\frac{37}{40}$
④ $4\frac{26}{45}$
⑤ $8\frac{37}{60}$
⑥ $6\frac{19}{22}$
⑦ $7\frac{25}{28}$
⑧ $5\frac{13}{15}$
⑨ $5\frac{11}{12}$
⑩ $3\frac{23}{24}$
⑪ $8\frac{7}{15}$
⑫ $6\frac{5}{21}$
⑬ $6\frac{5}{9}$
⑭ $9\frac{47}{56}$

84쪽 Ⓑ

① $1\frac{1}{6}$
② $4\frac{19}{45}$
③ $3\frac{19}{30}$
④ $2\frac{16}{77}$
⑤ $2\frac{5}{84}$
⑥ $3\frac{2}{135}$
⑦ $6\frac{1}{15}$
⑧ $1\frac{7}{15}$
⑨ $3\frac{1}{12}$
⑩ $1\frac{21}{40}$
⑪ $3\frac{1}{10}$
⑫ $5\frac{11}{80}$
⑬ $1\frac{17}{45}$
⑭ $4\frac{17}{120}$

2 Day

85쪽 Ⓐ

① $3\frac{19}{24}$
② $6\frac{13}{15}$
③ $9\frac{15}{16}$
④ $7\frac{4}{9}$
⑤ $9\frac{43}{60}$
⑥ $5\frac{69}{70}$
⑦ $8\frac{13}{21}$
⑧ $5\frac{11}{14}$
⑨ $6\frac{13}{24}$
⑩ $5\frac{31}{36}$
⑪ $9\frac{19}{21}$
⑫ $10\frac{19}{24}$
⑬ $6\frac{49}{80}$
⑭ $9\frac{31}{48}$

86쪽 Ⓑ

① $\frac{5}{12}$
② $2\frac{4}{21}$
③ $1\frac{3}{16}$
④ $7\frac{1}{6}$
⑤ $1\frac{19}{112}$
⑥ $5\frac{1}{75}$
⑦ $1\frac{35}{54}$
⑧ $2\frac{3}{8}$
⑨ $\frac{5}{18}$
⑩ $5\frac{5}{24}$
⑪ $2\frac{9}{14}$
⑫ $2\frac{14}{45}$
⑬ $3\frac{44}{63}$
⑭ $4\frac{5}{42}$

3 Day

87쪽 Ⓐ

① $5\frac{23}{28}$
② $9\frac{21}{22}$
③ $5\frac{3}{4}$
④ $6\frac{29}{40}$
⑤ $4\frac{59}{90}$
⑥ $9\frac{11}{15}$
⑦ $7\frac{19}{21}$
⑧ $6\frac{5}{9}$
⑨ $5\frac{29}{56}$
⑩ $5\frac{47}{72}$
⑪ $6\frac{26}{45}$
⑫ $10\frac{23}{45}$
⑬ $7\frac{23}{70}$
⑭ $8\frac{47}{80}$

88쪽 Ⓑ

① $2\frac{11}{35}$
② $3\frac{1}{12}$
③ $2\frac{2}{65}$
④ $4\frac{7}{36}$
⑤ $2\frac{11}{30}$
⑥ $1\frac{1}{26}$
⑦ $5\frac{19}{30}$
⑧ $1\frac{5}{24}$
⑨ $3\frac{1}{24}$
⑩ $2\frac{5}{36}$
⑪ $2\frac{2}{15}$
⑫ $3\frac{17}{36}$
⑬ $2\frac{5}{16}$
⑭ $4\frac{29}{140}$

4 Day

89쪽 Ⓐ

① $7\frac{11}{12}$
② $5\frac{5}{7}$
③ $9\frac{51}{56}$
④ $4\frac{19}{36}$
⑤ $9\frac{33}{35}$
⑥ $6\frac{85}{96}$
⑦ $8\frac{7}{8}$
⑧ $5\frac{13}{21}$
⑨ $6\frac{17}{30}$
⑩ $8\frac{14}{27}$
⑪ $9\frac{29}{30}$
⑫ $12\frac{19}{60}$
⑬ $7\frac{44}{75}$
⑭ $7\frac{25}{63}$

90쪽 Ⓑ

① $6\frac{1}{36}$
② $1\frac{7}{9}$
③ $2\frac{1}{24}$
④ $1\frac{7}{104}$
⑤ $2\frac{7}{48}$
⑥ $5\frac{1}{70}$
⑦ $4\frac{19}{48}$
⑧ $2\frac{2}{45}$
⑨ $3\frac{4}{21}$
⑩ $3\frac{11}{24}$
⑪ $2\frac{5}{36}$
⑫ $2\frac{43}{90}$
⑬ $2\frac{13}{60}$
⑭ $2\frac{11}{96}$

5 Day

91쪽 Ⓐ

① $6\frac{39}{56}$
② $5\frac{67}{68}$
③ $5\frac{31}{32}$
④ $7\frac{61}{72}$
⑤ $9\frac{46}{75}$
⑥ $9\frac{13}{20}$
⑦ $3\frac{121}{168}$
⑧ $4\frac{17}{36}$
⑨ $4\frac{2}{3}$
⑩ $3\frac{11}{12}$
⑪ $6\frac{47}{63}$
⑫ $11\frac{29}{50}$
⑬ $7\frac{27}{70}$
⑭ $7\frac{17}{42}$

92쪽 Ⓑ

① $4\frac{1}{10}$
② $5\frac{11}{30}$
③ $1\frac{43}{90}$
④ $3\frac{1}{20}$
⑤ $5\frac{13}{72}$
⑥ $3\frac{3}{80}$
⑦ $3\frac{43}{126}$
⑧ $1\frac{7}{12}$
⑨ $4\frac{1}{2}$
⑩ $1\frac{21}{80}$
⑪ $4\frac{17}{48}$
⑫ $3\frac{1}{21}$
⑬ $1\frac{17}{30}$
⑭ $4\frac{9}{80}$

88 단계

분모가 다른 대분수의 덧셈과 뺄셈 ❷

88단계에서는 분수끼리의 덧셈 결과가 1이거나 1보다 크면 대분수로 바꾸어 자연수 부분과 더해 주는 것을, 분수끼리의 뺄셈을 할 수 없을 때 자연수 부분에서 1을 분수로 만들어 분수 부분과 더하는 과정을 잘 이해해야 합니다. 아이가 틀린 답을 썼다면 계산 과정을 잘 살펴보고 어떤 부분에서 실수가 있는지 다시 한 번 점검해 봅니다.

지도가이드

1 Day

95쪽 Ⓐ

① $6\frac{3}{10}$

② $6\frac{5}{24}$

③ $7\frac{9}{20}$

④ $11\frac{7}{24}$

⑤ $8\frac{41}{80}$

⑥ $8\frac{1}{42}$

⑦ $10\frac{33}{100}$

⑧ $6\frac{1}{12}$

⑨ $7\frac{11}{30}$

⑩ $9\frac{7}{24}$

⑪ $7\frac{5}{18}$

⑫ $6\frac{39}{110}$

⑬ $8\frac{11}{36}$

⑭ $8\frac{11}{78}$

96쪽 Ⓑ

① $\frac{31}{40}$

② $1\frac{3}{4}$

③ $3\frac{1}{2}$

④ $2\frac{33}{40}$

⑤ $2\frac{31}{72}$

⑥ $2\frac{103}{144}$

⑦ $2\frac{91}{120}$

⑧ $2\frac{17}{18}$

⑨ $\frac{71}{72}$

⑩ $4\frac{4}{5}$

⑪ $1\frac{52}{63}$

⑫ $3\frac{5}{6}$

⑬ $4\frac{23}{28}$

⑭ $\frac{49}{54}$

2 Day

97쪽 Ⓐ

① $5\frac{6}{35}$

② $6\frac{13}{40}$

③ $8\frac{11}{24}$

④ $10\frac{17}{72}$

⑤ $9\frac{19}{80}$

⑥ $9\frac{13}{42}$

⑦ $12\frac{13}{120}$

⑧ $5\frac{1}{18}$

⑨ $4\frac{4}{21}$

⑩ $9\frac{5}{36}$

⑪ $9\frac{13}{44}$

⑫ $5\frac{7}{48}$

⑬ $8\frac{1}{50}$

⑭ $10\frac{1}{72}$

98쪽 Ⓑ

① $2\frac{24}{35}$

② $1\frac{7}{18}$

③ $\frac{27}{40}$

④ $3\frac{27}{28}$

⑤ $2\frac{1}{2}$

⑥ $1\frac{67}{90}$

⑦ $\frac{43}{80}$

⑧ $\frac{7}{8}$

⑨ $1\frac{17}{18}$

⑩ $5\frac{17}{48}$

⑪ $1\frac{9}{14}$

⑫ $7\frac{89}{90}$

⑬ $\frac{219}{220}$

⑭ $3\frac{41}{42}$

3 Day

99쪽 Ⓐ

① $7\frac{5}{12}$
② $6\frac{11}{24}$
③ $5\frac{2}{15}$
④ $10\frac{12}{55}$
⑤ $10\frac{29}{60}$
⑥ $10\frac{1}{40}$
⑦ $9\frac{27}{140}$
⑧ $5\frac{17}{24}$
⑨ $9\frac{11}{28}$
⑩ $9\frac{5}{42}$
⑪ $4\frac{1}{30}$
⑫ $6\frac{25}{44}$
⑬ $10\frac{7}{45}$
⑭ $7\frac{2}{63}$

100쪽 Ⓑ

① $1\frac{38}{45}$
② $4\frac{17}{18}$
③ $1\frac{17}{40}$
④ $3\frac{19}{30}$
⑤ $1\frac{11}{21}$
⑥ $1\frac{35}{51}$
⑦ $1\frac{67}{78}$
⑧ $\frac{5}{12}$
⑨ $2\frac{19}{24}$
⑩ $5\frac{59}{78}$
⑪ $1\frac{27}{28}$
⑫ $1\frac{35}{48}$
⑬ $2\frac{5}{6}$
⑭ $\frac{101}{105}$

4 Day

101쪽 Ⓐ

① $7\frac{1}{15}$
② $7\frac{11}{56}$
③ $8\frac{1}{72}$
④ $12\frac{1}{3}$
⑤ $11\frac{5}{54}$
⑥ $8\frac{21}{80}$
⑦ $8\frac{1}{50}$
⑧ $7\frac{1}{4}$
⑨ $9\frac{17}{60}$
⑩ $7\frac{10}{27}$
⑪ $10\frac{1}{4}$
⑫ $8\frac{5}{84}$
⑬ $8\frac{1}{135}$
⑭ $3\frac{1}{12}$

102쪽 Ⓑ

① $1\frac{17}{24}$
② $4\frac{15}{28}$
③ $\frac{47}{72}$
④ $2\frac{65}{72}$
⑤ $2\frac{25}{36}$
⑥ $\frac{131}{140}$
⑦ $1\frac{41}{160}$
⑧ $1\frac{5}{6}$
⑨ $1\frac{23}{26}$
⑩ $\frac{69}{88}$
⑪ $2\frac{13}{14}$
⑫ $6\frac{59}{63}$
⑬ $6\frac{83}{96}$
⑭ $2\frac{17}{18}$

5 Day

103쪽 Ⓐ

① $3\frac{1}{9}$
② $6\frac{47}{126}$
③ $10\frac{10}{21}$
④ $10\frac{13}{36}$
⑤ $7\frac{7}{24}$
⑥ $9\frac{23}{90}$
⑦ $14\frac{25}{88}$
⑧ $8\frac{3}{8}$
⑨ $9\frac{11}{72}$
⑩ $7\frac{7}{54}$
⑪ $6\frac{1}{42}$
⑫ $10\frac{4}{45}$
⑬ $9\frac{1}{32}$
⑭ $10\frac{7}{78}$

104쪽 Ⓑ

① $\frac{7}{18}$
② $2\frac{11}{12}$
③ $4\frac{17}{18}$
④ $2\frac{19}{36}$
⑤ $1\frac{47}{60}$
⑥ $6\frac{5}{9}$
⑦ $2\frac{247}{280}$
⑧ $3\frac{7}{9}$
⑨ $\frac{47}{60}$
⑩ $\frac{59}{72}$
⑪ $3\frac{25}{26}$
⑫ $5\frac{79}{80}$
⑬ $\frac{22}{45}$
⑭ $2\frac{91}{96}$

분모가 다른 분수의 덧셈과 뺄셈 종합

89단계에서는 분모가 다른 분수의 덧셈과 뺄셈을 종합적으로 연습하면서 부족한 부분을 점검하고 보강합니다. 통분 과정과 분수 부분끼리의 계산에서 자연수 부분으로 받아올림 하거나 받아내림에 실수하지 않도록 지도해 주세요.

지도가이드

1 Day

107쪽 Ⓐ

① $\frac{19}{20}$

② $\frac{31}{42}$

③ $1\frac{1}{45}$

④ $4\frac{1}{6}$

⑤ $4\frac{11}{12}$

⑥ $3\frac{7}{12}$

⑦ $6\frac{1}{20}$

⑧ $\frac{1}{6}$

⑨ $\frac{7}{12}$

⑩ $\frac{19}{45}$

⑪ $2\frac{1}{18}$

⑫ $2\frac{1}{10}$

⑬ $3\frac{19}{21}$

⑭ $4\frac{14}{15}$

108쪽 Ⓑ

① $1\frac{1}{12}$

② $\frac{1}{24}$

③ $6\frac{5}{9}$

④ $2\frac{1}{9}$

⑤ $10\frac{13}{20}$

⑥ $2\frac{25}{36}$

⑦ $\frac{5}{24}$

⑧ $\frac{11}{24}$

⑨ 1

⑩ $11\frac{11}{60}$

⑪ $4\frac{23}{28}$

⑫ $5\frac{53}{60}$

2 Day

109쪽 Ⓐ

① $\frac{9}{14}$

② $\frac{17}{18}$

③ $1\frac{1}{16}$

④ $6\frac{31}{42}$

⑤ $10\frac{5}{12}$

⑥ $12\frac{7}{10}$

⑦ $6\frac{9}{20}$

⑧ $\frac{7}{15}$

⑨ $\frac{11}{18}$

⑩ $\frac{1}{21}$

⑪ $3\frac{9}{20}$

⑫ $8\frac{7}{8}$

⑬ $2\frac{5}{36}$

⑭ $5\frac{3}{16}$

110쪽 Ⓑ

① $\frac{9}{10}$

② $\frac{1}{10}$

③ $6\frac{13}{24}$

④ $3\frac{13}{56}$

⑤ $7\frac{17}{36}$

⑥ $1\frac{17}{30}$

⑦ $2\frac{1}{12}$

⑧ $\frac{17}{18}$

⑨ $2\frac{67}{72}$

⑩ $2\frac{31}{36}$

⑪ $6\frac{1}{18}$

⑫ $3\frac{1}{2}$

3 Day

111쪽 A

① $1\frac{1}{12}$
② $1\frac{1}{4}$
③ $\frac{23}{42}$
④ $6\frac{2}{15}$
⑤ $7\frac{1}{28}$
⑥ $3\frac{35}{48}$
⑦ $4\frac{1}{30}$

⑧ $\frac{5}{21}$
⑨ $\frac{9}{56}$
⑩ $\frac{7}{15}$
⑪ $1\frac{7}{12}$
⑫ $5\frac{31}{40}$
⑬ $4\frac{13}{20}$
⑭ $5\frac{5}{6}$

112쪽 B

① $2\frac{5}{12}$
② $\frac{7}{45}$
③ $7\frac{11}{18}$
④ $2\frac{19}{24}$
⑤ 5
⑥ $3\frac{1}{4}$

⑦ $\frac{23}{48}$
⑧ $3\frac{25}{63}$
⑨ $\frac{2}{3}$
⑩ $11\frac{22}{45}$
⑪ $1\frac{8}{15}$
⑫ $8\frac{1}{4}$

4 Day

113쪽 A

① $1\frac{3}{10}$
② $\frac{19}{40}$
③ $\frac{44}{45}$
④ $8\frac{1}{36}$
⑤ $4\frac{1}{30}$
⑥ $10\frac{25}{36}$
⑦ $5\frac{13}{32}$

⑧ $\frac{3}{14}$
⑨ $\frac{13}{24}$
⑩ $\frac{29}{54}$
⑪ $6\frac{71}{76}$
⑫ $3\frac{35}{36}$
⑬ $5\frac{1}{10}$
⑭ $5\frac{3}{52}$

114쪽 B

① $1\frac{25}{42}$
② $\frac{1}{15}$
③ $8\frac{13}{40}$
④ $\frac{5}{42}$
⑤ $6\frac{19}{24}$
⑥ $\frac{55}{63}$

⑦ $1\frac{1}{24}$
⑧ $1\frac{1}{5}$
⑨ $1\frac{1}{8}$
⑩ $11\frac{13}{30}$
⑪ 7
⑫ $2\frac{5}{12}$

5 Day

115쪽 A

① $\frac{11}{15}$
② $1\frac{41}{77}$
③ $\frac{61}{80}$
④ $7\frac{5}{18}$
⑤ $9\frac{41}{56}$
⑥ $8\frac{17}{84}$
⑦ $16\frac{3}{26}$

⑧ $\frac{3}{8}$
⑨ $\frac{7}{18}$
⑩ $\frac{1}{45}$
⑪ $8\frac{1}{10}$
⑫ $4\frac{29}{30}$
⑬ $1\frac{14}{33}$
⑭ $\frac{23}{38}$

116쪽 B

① $\frac{7}{9}$
② $2\frac{11}{24}$
③ $\frac{11}{70}$
④ $9\frac{19}{24}$
⑤ $11\frac{43}{44}$
⑥ $1\frac{21}{32}$

⑦ $\frac{23}{28}$
⑧ $\frac{13}{36}$
⑨ $5\frac{5}{36}$
⑩ $3\frac{11}{24}$
⑪ $3\frac{43}{48}$
⑫ $5\frac{3}{8}$

5학년 방정식

90단계에서는 □가 있는 분수의 덧셈식, 뺄셈식에서 □의 값을 구합니다. 덧셈과 뺄셈의 관계를 이용하여 '□='의 형태로 식을 바꿀 수 있어야 합니다. 식에서 주어진 수가 분수일 때에도 덧셈과 뺄셈의 관계는 자연수와 같다는 것을 알면 어렵지 않게 이해할 수 있습니다.

지도가이드

1 Day

119쪽 Ⓐ

① $\frac{3}{4} - \frac{2}{5}$, $\frac{7}{20}$

② $\frac{2}{3} - \frac{4}{9}$, $\frac{2}{9}$

③ $\frac{3}{4} - \frac{3}{10}$, $\frac{9}{20}$

④ $2\frac{5}{6} - 1\frac{1}{4}$, $1\frac{7}{12}$

⑤ $3\frac{1}{5} - 2\frac{1}{2}$, $\frac{7}{10}$

120쪽 Ⓑ

① $\frac{1}{12}$

② $\frac{4}{9}$

③ $\frac{8}{21}$

④ $\frac{1}{3}$

⑤ $\frac{5}{9}$

⑥ $1\frac{1}{30}$

⑦ $2\frac{7}{18}$

⑧ $\frac{29}{40}$

⑨ $1\frac{3}{4}$

⑩ $1\frac{2}{3}$

2 Day

121쪽 Ⓐ

① $\frac{1}{2} - \frac{1}{3}$, $\frac{1}{6}$

② $\frac{3}{4} - \frac{1}{6}$, $\frac{7}{12}$

③ $\frac{9}{20} - \frac{2}{15}$, $\frac{19}{60}$

④ $1\frac{7}{12} - \frac{3}{8}$, $1\frac{5}{24}$

⑤ $3\frac{1}{6} - 2\frac{4}{9}$, $\frac{13}{18}$

122쪽 Ⓑ

① $\frac{13}{28}$

② $\frac{1}{36}$

③ $\frac{5}{24}$

④ $\frac{1}{4}$

⑤ $\frac{11}{30}$

⑥ $2\frac{1}{20}$

⑦ $4\frac{7}{30}$

⑧ $1\frac{2}{3}$

⑨ $2\frac{5}{9}$

⑩ $2\frac{19}{24}$

123쪽 Ⓐ

① $\frac{2}{5}-\frac{1}{3}$, $\frac{1}{15}$

② $\frac{3}{4}-\frac{1}{2}$, $\frac{1}{4}$

③ $\frac{5}{6}-\frac{5}{9}$, $\frac{5}{18}$

④ $3\frac{4}{15}-2\frac{1}{10}$, $1\frac{1}{6}$

⑤ $4\frac{5}{12}-1\frac{7}{8}$, $2\frac{13}{24}$

124쪽 Ⓑ

① $\frac{1}{3}$

② $\frac{9}{40}$

③ $\frac{1}{14}$

④ $\frac{3}{40}$

⑤ $\frac{13}{36}$

⑥ $3\frac{7}{10}$

⑦ $2\frac{4}{5}$

⑧ $\frac{3}{4}$

⑨ $2\frac{13}{24}$

⑩ $2\frac{11}{12}$

125쪽 Ⓐ

① $\frac{1}{4}+1\frac{1}{2}$ 또는 $1\frac{1}{2}+\frac{1}{4}$, $1\frac{3}{4}$

② $\frac{3}{8}+\frac{2}{3}$ 또는 $\frac{2}{3}+\frac{3}{8}$, $1\frac{1}{24}$

③ $\frac{1}{9}+\frac{5}{6}$ 또는 $\frac{5}{6}+\frac{1}{9}$, $\frac{17}{18}$

④ $\frac{10}{21}+1\frac{3}{7}$ 또는 $1\frac{3}{7}+\frac{10}{21}$, $1\frac{19}{21}$

⑤ $1\frac{2}{3}+2\frac{3}{4}$ 또는 $2\frac{3}{4}+1\frac{2}{3}$, $4\frac{5}{12}$

126쪽 Ⓑ

① $1\frac{11}{20}$

② $\frac{7}{24}$

③ $1\frac{1}{6}$

④ $\frac{3}{4}$

⑤ $1\frac{13}{36}$

⑥ $2\frac{7}{9}$

⑦ $4\frac{9}{14}$

⑧ $5\frac{1}{2}$

⑨ $3\frac{7}{24}$

⑩ $2\frac{5}{12}$

127쪽 Ⓐ

① $\frac{3}{10}$

② $\frac{5}{12}$

③ $\frac{11}{15}$

④ $1\frac{19}{24}$

⑤ $2\frac{11}{15}$

⑥ $3\frac{3}{7}$

⑦ $1\frac{23}{24}$

⑧ $1\frac{7}{20}$

⑨ $1\frac{1}{18}$

⑩ $2\frac{7}{12}$

128쪽 Ⓑ

① 예 $\square+\frac{5}{8}=\frac{5}{6}$, $\frac{5}{24}$

② 예 $\frac{9}{10}-\square=\frac{4}{15}$, $\frac{19}{30}$

③ 예 $\square-3\frac{1}{2}=\frac{1}{6}$, $3\frac{2}{3}$

수고하셨습니다.
다음 단계로 올라갈까요?

기적의
계산법

길벗스쿨

길벗스쿨

기적의 학습서

" 오늘도 한 뼘 자랐습니다. **"**

기적의 학습서, 제대로 경험하고 싶다면?

학습단에 참여하세요!

꾸준한 학습!

풀다 만 문제집만 수두룩? 기적의 학습서는 스케줄 관리를 통해 꾸준한 학습을 가능케 합니다.

푸짐한 선물!

학습단에 참여하여 꾸준히 공부만 해도 상품권. 기프티콘 등 칭찬 선물이 쏟아집니다.

알찬 학습 팁!

엄마표 학습의 고수가 알려주는 학습 팁과 노하우로 나날이 발전된 홈스쿨링이 가능합니다.

길벗스쿨 공식 카페 〈기적의 공부방〉에서 확인하세요.
http://cafe.naver.com/gilbutschool

나만의 학습 기록표

책상 위에, 냉장고에, 어디든 내 손이 닿는 곳에 붙여 두세요.

매일매일 공부하면서 걸린 시간과 맞은 개수를 기록하면

어제보다, 지난주보다, 지난달보다 한 뼘 자란 내 실력을 알 수 있어요.

길벗스쿨